黄土工程

（第二版）

主　编　张吾渝
副主编　马艳霞　蒋宁山　叶帅华　常立君　李元勋　李积珍

中国建设科技出版社有限责任公司
China Construction Science and Technology Press Co., Ltd.
北　京

图书在版编目（CIP）数据

黄土工程 / 张吾渝主编. --2版. --北京：中国建设科技出版社有限责任公司，2025.4. --ISBN 978-7-5160-4405-6

Ⅰ．TU7

中国国家版本馆 CIP 数据核字第 2025GD2168 号

内 容 简 介

本书是在《湿陷性黄土地区建筑标准》（GB 50025—2018）的基础上结合一些工程实例编写的。全书共分6章，包括黄土物理性质及工程特性、黄土湿陷性评价、黄土的变形计算、黄土的承载力、黄土场地工程措施及黄土工程实例。在第6章黄土工程实例中，结合实际工程案例，详细阐述了湿陷性黄土深基坑工程中支护结构的计算分析及湿陷性黄土地区建筑物不均匀沉降的纠偏加固设计。各章内容在编写时力求做到概念清晰、准确，深入浅出。

本书可供从事岩土工程教学、设计、勘察、施工、监理的工作人员参考借鉴。

黄土工程（第二版）
HUANGTU GONGCHENG（DI-ER BAN）
主　编　张吾渝
副主编　马艳霞　蒋宁山　叶帅华　常立君　李元勋　李积珍

出版发行：中国建设科技出版社有限责任公司
地　　址：北京市西城区白纸坊东街2号院6号楼
邮　　编：100054
经　　销：全国各地新华书店
印　　刷：北京雁林吉兆印刷有限公司
开　　本：787mm×1092mm　1/16
印　　张：8.25
字　　数：200千字
版　　次：2025年4月第2版
印　　次：2025年4月第1次
定　　价：38.00元

本社网址：www.jskjcbs.com，微信公众号：zgjskjcbs
请选用正版图书，采购、销售盗版图书属违法行为
版权专有，盗版必究。本社法律顾问：北京天驰君泰律师事务所，张杰律师
举报信箱：zhangjie@tiantailaw.com　举报电话：(010) 63567684
本书如有印装质量问题，由我社事业发展中心负责调换，联系电话：(010) 63567692

支持出版

青海大学教师教材建设基金项目

青海省高校黄大年式教师团队

青海省土力学课程群虚拟教研室

青海省教学名师工作室

国家留学基金委

第二版序言

随着西部大开发和"一带一路"倡议的深入推进，黄土地区的工程建设活动日益增多，湿陷性黄土问题也越发突出。近年来，湿陷性黄土的工程特性研究取得了长足的进步，相关规范和标准也不断完善。为了更好地适应工程实践的需要，我们在第一版的基础上进行了修订和完善，出版了第二版。

第二版主要做了以下修改和补充：

1. 更新了相关规范和标准。针对近年来发布的《湿陷性黄土地区建筑标准》及相关技术规程，对书中相关内容进行了更新，确保与最新规范保持一致。

2. 补充了最新的研究成果。收集了近年来湿陷性黄土研究的最新成果，包括湿陷机理、影响因素、变形计算、承载力评价、工程措施等方面的研究成果，使内容更加全面和深入。

3. 增加了工程实例。补充了一些新的工程实例，特别是近年来在湿陷性黄土地区开展的大型工程实例，并结合实例详细分析了湿陷性黄土的工程处理技术和方法，增强了实用性。

4. 调整了部分章节结构。为了使内容更加清晰易懂，对部分章节的结构进行了调整，并补充了一些图表和公式，提高了可读性。

希望第二版能够更好地满足广大读者，特别是从事湿陷性黄土地区岩土工程教学、设计、勘察、施工、监理等行业工作人员的需求，为湿陷性黄土地区的工程建设提供更加科学的指导。

本书的修订工作得到了青海大学教师教材建设基金项目的资助，在此表示感谢。

对编写时参阅的相关资料及文献的作者深表感谢。

由于编者水平有限，书中难免存在不妥甚至错误之处，敬请读者批评指正。

编者

2024 年 10 月

第一版前言

黄土古称"黄壤",是一种第四纪沉积物,全世界黄土和黄土状土总面积约为 1300 万 km^2,占陆地总面积的 10%。我国黄土和黄土状土面积为 64 万 km^2,占国土面积的 6.7%,广泛分布于西北和华北地区,其中青海省境内黄土分布面积为 2.48 万 km^2,占全国黄土分布面积的 3.9%。

湿陷性黄土对工程建设非常不利,建造在黄土地基上的建筑物在施工或建成后使用的过程中,因地基被水浸湿而导致建筑物沉陷甚至破坏的事故屡见不鲜。为了有效控制湿陷性黄土的变形,最大限度地减少损失,研究黄土湿陷的机理、影响因素、黄土力学及工程应用等具有重要的意义。

本书是在《湿陷性黄土地区建筑规范》的基础上结合一些工程实例编写的。全书共分 6 章,包括黄土物理性质及工程特性、黄土湿陷性评价、黄土的变形计算、黄土的承载力、黄土场地工程措施及黄土工程实例。在第 6 章黄土工程实例中,结合实际工程案例,详细阐述了湿陷性黄土深基坑工程中支护结构的计算分析及湿陷性黄土地区建筑物不均匀沉降的纠偏加固设计。各章内容在编写时力求做到概念清晰、准确,深入浅出。希望本书能为湿陷性黄土地区从事岩土工程教学、设计、勘察、施工、监理的工作人员提供帮助。

本书的出版得到青海省教育厅地基与基础教研创新团队、青海大学高原土木工程安全技术教学团队、青海大学教学名师培育计划的资助,在此表示感谢。

同时,对编写时参阅的相关资料及文献的作者深表感谢。

由于编者水平有限,书中难免存在不妥甚至错误之处,敬请读者批评指正。

编者
2018 年 1 月

目　　录

绪　　论 ·· 1
  0.1　黄土的成因与分布 ·· 1
  0.2　黄土的物质成分 ·· 7
  思考题 ·· 10

第1章　黄土物理性质及工程特性 ··· 11
  1.1　黄土的物理性质 ·· 11
  1.2　黄土的结构与构造特征 ·· 16
  1.3　黄土的类型及一般特征 ·· 22
  1.4　黄土的压缩性 ·· 26
  1.5　黄土的抗剪强度 ·· 29
  1.6　黄土的渗透性 ·· 34
  1.7　黄土的压实性 ·· 37
  思考题 ·· 41

第2章　黄土湿陷性评价 ·· 42
  2.1　黄土的湿陷条件及机理 ·· 42
  2.2　黄土的湿陷性评价指标 ·· 44
  2.3　湿陷试验 ·· 48
  2.4　黄土湿陷性的工程评价 ·· 51
  思考题 ·· 54

第3章　黄土的变形计算 ·· 55
  3.1　湿陷性黄土变形分析 ·· 55
  3.2　黄土普通压缩变形的计算 ·· 56
  3.3　自重压力下湿陷变形的特征 ··· 57
  3.4　总应力下的黄土湿陷变形 ·· 59
  3.5　黄土湿陷变形的计算 ·· 61
  思考题 ·· 61

第4章　黄土的承载力 ·· 62
  4.1　湿陷性黄土地基承载力的确定原则 ································ 62

  4.2 黄土地基承载力的确定方法 ……………………………………………… 62
  思考题 …………………………………………………………………………… 65

第 5 章　黄土场地工程措施 …………………………………………………… 66
  5.1 湿陷性黄土地基的工程措施 …………………………………………… 66
  5.2 湿陷性黄土地基处理的实施原则和方法 ……………………………… 74
  5.3 换土垫层法 ……………………………………………………………… 76
  5.4 挤密法和振冲法 ………………………………………………………… 79
  5.5 化学加固法 ……………………………………………………………… 83
  5.6 预浸水法 ………………………………………………………………… 86
  思考题 …………………………………………………………………………… 87

第 6 章　黄土工程实例 …………………………………………………………… 88
  6.1 西北某高大黄土边坡框架锚杆支护结构设计方案 …………………… 88
  6.2 西北某大厚度黄土深基坑支护结构计算分析 ………………………… 99
  6.3 西北某湿陷性黄土地区建筑物不均匀沉降纠偏加固设计方案 ……… 112
  思考题 …………………………………………………………………………… 120

参考文献 ……………………………………………………………………………… 121

绪　　论

黄土指的是在干燥气候条件下形成的多孔性具有柱状节理的黄色粉性土，第四纪形成的陆相黄色粉砂质土状堆积物。黄土的粒径范围为 0.005~0.05mm，其粒度成分百分比在不同地区和不同时代有所不同。它广泛分布于北半球中纬度干旱和半干旱地区。全世界黄土分布的总面积大约有 1300 万 km²。以中国北方的黄土最为典型，在黄河中游构成了著名的黄土高原。中国黄土的分布区介于北纬 34°~45°之间，呈东西向带状分布，位于北半球中纬度沙漠-黄土带东南部。黄土分布还与东西向山脉的走向大体一致，昆仑山、秦岭、泰山一线以北黄土分布广泛。中国黄土的总面积为 64 万 km²，黄土状沉积的总面积约为 25 万 km²，其中黄河流域黄土面积约为 31 万 km²。黄土的厚度各地不一，陕西泾河与洛河流域的中下游地区，最大厚度可达 180~200m。中国黄土物质主要来自里海以东北纬 35°~45°的内陆沙漠盆地地区。沙漠盆地中的上升气流将粉尘颗粒输送至高空，进入西风环流系统，随着西风带的高空气流自西向东、东南飘移，至东经 100°以东的地区发生大规模沉降。堆积起来的粉尘颗粒，由于生物化学风化作用，发生次生碳酸盐化形成黄土。

0.1　黄土的成因与分布

回顾过去，中国黄土成因实际上经历了从"水成"到"风成"这样一个曲折的认识过程。随着地层中古土壤的发现与识别，现在国内外学者对中国黄土的风成成因并无异议。

1. 关于黄土的成因类型

中国黄土大致沿昆仑山、秦岭以北，阿尔泰山、阿拉善和大兴安岭一线以南分布，构成北西西—南东东走向的黄土带。黄土带的东端向南北两个方向延伸，北自松嫩平原北部，南达长江中下游，处于北纬 30°~49°之间，而以北纬 34°~45°之间的地带发育最佳、厚度最大、地层最全，构成中国黄土的发育中心。面对分布如此之广的黄土，尤其是北方典型区域的黄土，不同的学者对其成因有不同的认识。概括起来，中国北方黄土的成因主要是风成说和水成说，其中水成说主要包括湖成说、洪积说、坡积说、河流冲积说等，其争论曾呈现"百家争鸣"的局面。后来，随着试验方法的进步以及古土壤、陆相蜗牛化石等的发现，越来越多的学者认同风成说。

（1）湖成说

庞培利（R. Pumpelley）可能是外国地质学家中提到中国黄土的第一人，打开了中国黄土近代科学研究的大门。1866 年庞培利观察了中国北方（主要是内蒙古地区）的黄土，首先提出了中国黄土为湖泊成因，其重要依据是：在内蒙古自治区岱海的黄土阶地中发现介壳，认为是淡水湖泊沉积；同时他又发现黄土物质比较均一且分布范围广，所以他推测这巨厚成层的黄土沉积物是由过去巨大河流搬运至湖泊中沉积形成，至于湖盆地的生成，他认为可能是高原断裂的结果。依照他的看法，当时短小的桑干河和洋河不可能带来如此大量的黄土，推测成因是黄河曾流经该地。

杨杰在研究中国北方黄土之后，从地文、产状、岩性、化石等方面推断黄土为标准的水成沉积（湖泊、河流沉积），其重要证据如下：

①根据产状和地文情况，发现整个黄土层都分布在山区边缘，沉积在壮年的山谷里。在山区内，多是沉积在内陆大湖或者山间湖沼里，底面具有侵蚀特征，顶面达到一定水平，说明这些沉积物是在洪积世（更新世）的陆相河流和湖泊环境中沉积的。

②从岩性来看，黄土底部有砾石且主要来源于当地，这无法用风成说来解释。

③从化石看，黄土层中有蜗牛、鸵鸟蛋等化石，它们代表相当温暖的气候，而不是干燥寒冷的气候。

可以看出，庞培利当年发现的介壳，可能就是后来报道的陆生蜗牛化石；主张黄土湖泊成因的学者将黄土当作湖底淤积物，却没有进一步深入追究淤积物如何转化为黄土这一过程。

(2) 冲（洪）积说

20世纪50年代初，苏联格拉西莫夫对中国黄土高原北部地区进行考察，分析了中国黄土高原区沉积物及其所构成的地貌单元的关系，提出中国黄土的冲（洪）积成因。格拉西莫夫认为黄土是周围山间河流带来的冲积物，强调水（地表径流）在黄土形成中的重要作用，同时也不否认风在黄土形成过程中所起的作用，因为风可以重新搬运冲积物中的细颗粒实现再沉积。

格拉西莫夫提出的洪积说，对中国黄土风成说造成了一次巨大冲击，同时也引来了许多学者对黄土风成成因的质疑。张宗祜认为必须对黄土采用综合的研究方法才有可能正确了解其成因，他根据对陇东地区黄土的研究，提出了该区黄土为洪积成因的新看法。首先，该区的黄土类沉积物无论是在岩石性质还是在地层特征上都不是均一的；其次，黄土物质主要来自盆地的周边高地（六盘山、永寿梁等）的残积物、坡积物以及部分风积物，故推断黄土是洪积成因，而非湖相沉积和风成沉积；同时，认为黄土在形成过程中，在某个时期由于气候的原因导致洪积过程的中断，以洪积物为母质的古土壤便得以发育。张伯声从关中地区的黄土研究出发，发现黄土分布与河谷两侧的河流阶地高度相一致，提出黄土可能是河流冲积的产物。他认为不同高度的黄土线代表着在过去淤积的不同盆地的最高平面，是由无数次的洪水造成的。由于洪水造成的淤积作用时间非常短，暴露时间非常长，这就为洪水带来的淤积土转变为黄土提供了一个必要条件。

因此，张宗祜和张伯声均主张黄土是由洪积作用形成的。张宗祜在1958年也已经从黄土层中识别出古土壤，但是他认为黄土是洪积产物，而古土壤是在洪积物母质上发育形成。张伯声认为"水成"证据的黄土线，可能就是指地处不同海拔的黄土塬面。

(3) 风成说

中国黄土风成说的创始人是德国的地质大师李希霍芬，他在中国期间（1868—1871年）考察了中国黄土，他反对庞培利的黄土为湖相沉积的观点，提出中国黄土由风搬运而来，即风成成因。在他的巨著《中国》一书中曾以极大的篇幅来论述中国的黄土及其成因。他认为由于当时中国北方有广阔的干旱草原盆地且在其周边分布着高山，气候比较干燥，周围山体经历着较强的风化作用，产生大量较细的风化物，这些风化物主要是被风（同时还有水的参与）搬运到盆地之中沉积下来，日积月累从而形成厚厚的黄土层。他认为黄土的物质主要来源于附近的高山裸露岩石的风化物且搬运方式既有风又有水。但是，他仅对黄土形成是由于风力搬运和粉尘被植被所阻挡而堆积成黄土这一地质现象进行了深入细致的讨论，限于当时试验和资料，他的这个学说主要根据自己对西北干旱地区大面积的野外考察总结出来，他的黄土风成成因对后人的风积理论产生巨大影响。

奥勃鲁契夫通过对中国北方等地黄土的考察，在李希霍芬基础上丰富了黄土风成成因的认识。他主张必须把黄土与黄土状土区分开，反对李希霍芬的关于黄土来源于内陆各个孤立的盆地及其附近山地，并由风和水共同搬运沉积形成的观点，认为中国黄土是典型的风积物，其物源来源于中亚。他通过风成理论将黄土与沙漠、戈壁联系起来。由于中亚地处内陆，气候干旱，产生大量的风化碎屑，在风力搬运的过程中，大的砂粒在内陆沉积，形成荒漠；细的粉砂就会被携带至荒漠边缘，形成黄土。

从李希霍芬到奥勃鲁契夫，黄土风成成因的认识在黄土研究中得到广泛的传播和支持。20世纪50—70年代，学者们进一步完善了这一理论。马溶之调查发现各种黄土的存在具有以下共同特征：在同一区域内高山与低地均有分布、无冲积层次、含有蜗牛化石、土体以粉砂为主、矿物以石英和长石为主、均含有石灰质结核。因此，他认为黄土为风积成因。朱显谟认为黄土成因争论在于对黄土层中"红层"成因的不同认识。如果把"红层"看成是不同的沉积层理，"红层"则被用作"水成"的证据。他依据土壤发生学，从"红层"的发生层次、接触带特点、剖面形态、倾斜特征和化学性质5个方面论述了"红层"的土壤剖面特征，认为它在整体形态上类似于褐色土，由此证明"红层"不是沉积层而是古土壤，"红层"所反映的自然条件、本身的分布变异及其与上层沉积物的关系，都支持黄土风成说。根据李云通在陕西蓝田地区的研究，黄土中包括蜗牛在内的腹足类化石都是肺螺亚纲（Pulmonata）中的柄眼目（Stylommatophora），属于该目的绝大部分属种是陆生的，同时这些化石在黄土层中分布得十分均匀，没有水生介壳和螺类化石那种富集成层的现象。蜗牛的外壳特别脆弱，经不起水流的搬运，但黄土中的大部分蜗牛化石保存完好，这也说明黄土形成的表生环境，绝大部分没有流水的参与。此外，卢演俦等采集陕西洛川黑木沟口的黄土剖面样品，对其进行石英颗粒表面形态观察，发现不同时期、不同层位的黄土和古土壤的石英颗粒都有着相对一致的表面结构特征，呈不规则的棱角状、次棱角状，颗粒出现刀刃状锋锐的形态以及二氧化硅的沉淀（葡萄状结构）。他认为这些石英表面特征显示风成特点，由此推断，黄土可能来源于内陆沙漠地区，并由风力搬运沉积形成。

刘东生领导中国第四纪地质科学家长期致力于黄土的研究，对中国黄土的物质组成（包括粒度、矿物组成、地球化学元素）、分布、地层划分、年代等有了更为系统的认识，建立了新的风成学说。刘东生在《中国的黄土堆积》中指出，黄土的堆积厚度沿冬季风方向自西北向东南逐渐变薄，且黄土粒度自西北向东南方向逐渐变细，给出黄土风成成因的有力证据。另外，黄土的石英表面微形态结构研究显示，大部分颗粒呈不规则的棱角状、次棱角状，部分颗粒具有刀刃状锋锐形（或有贝壳状断口），这些都属于风力搬运的特征。黄土的稀土分配模式与西北部沙漠砂中REE（稀有地质元素）的分配模式相似，表明它们的物质是在搬运过程中充分混合后沉积的，显示了典型风成物的特点。黄土的平均化学元素以及矿物成分分析也表明，黄土的物质来源与当地基岩无关。黄土层中发育着黏化层、钙积层等土壤层次，土壤微形态具有粒状、斑状及胶斑状结构，指明其是在表生气下环境中形成的土壤序列，并非水下沉积物。同时，颇有争议的原生风成黄土和次生水成黄土也可以利用磁化率各向异性检测磁颗粒定向排列程度加以区分。因此，从黄土的沉积特征、粒度、矿物学特性、石英表面微形态结构、磁组构（磁颗粒沉积组构）等方面系统地论证了黄土的风积特征。

刘东生在《黄土与环境》中，系统地论证并完善了黄土的风成学说，丰富了对黄土粉尘的产生、搬运、沉积和后期改造作用这一过程的认识，如图 0-1 所示。强调利用将今论古的原理，以现代大气环流尘暴动态作为认识过去黄土形成过程的参照系统。

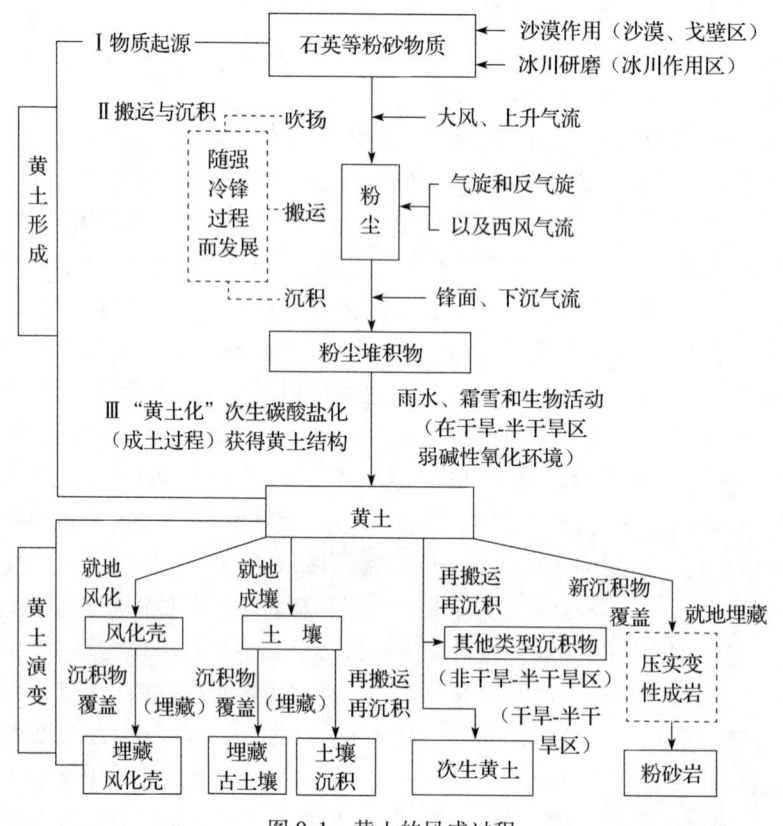

图 0-1　黄土的风成过程

因此，由李希霍芬提出的，经奥勃鲁契夫、刘东生等进一步发展的黄土风成说，将黄土的物源、搬运方式、堆积过程、黄土性质与古土壤发育等与第四纪全球性冰期旋回和大气环流联系起来，也就是将黄土堆积与大气圈的演化紧密联系起来。这个科学认识上的突破，为以后用黄土堆积来揭示亚洲季风的变化规律奠定了重要基础。

2. 黄土的分布

（1）世界黄土分布概况

全球黄土覆盖面积达 1300 万 km^2，约占陆地总面积的 10%。主要分布于中纬度干旱和半干旱地区，特别是荒漠、半荒漠及第四纪冰川地区外缘。

除南极洲外,世界各大洲均有黄土分布。

南美洲黄土分布很广,如地处南纬30°~40°之间的阿根廷草原地区,到处可见黄土,全洲黄土覆盖面积约占总面积的10%。

北美洲黄土覆盖面积约占总面积的5%。密西西比河和密苏里河流域都分布有大面积的黄土。

欧洲黄土覆盖面积占总面积的7%,主要分布在北纬45°以北的中欧地区,西至法国的东北部,东至伏尔加河流域,到处可见黄土的分布,俄罗斯、德国、罗马尼亚、保加利亚、匈牙利波兰等国家均有黄土分布,乌克兰黄土分布面积占领土面积的70%以上。

亚洲的分布也很广,约占总面积的3%,除中国外,印度、蒙古国等国家均有黄土分布。

非洲北部、大洋洲的新西兰也有黄土分布。

(2) 中国黄土分布概况

中国黄土的覆盖面积约为64万km^2,约占世界黄土总面积的5%,约占中国国土面积的7%,主要分布于北纬33°~47°之间,而以北纬34°~45°之间最为发育,见表0-1。

表0-1 中国黄土的分布

分布区域		黄土面积(km^2)	黄土状土面积(km^2)	分布区域简述
松辽平原		11800	81000	长白山以西,小兴安岭以南,大兴安岭以东的松辽平原以及其周围山界的内侧
黄河流域	黄河下游	26000	3880	三门峡以东,包括太行山东麓、中条山南麓,冀北山地南麓以及河北北部山地和山东丘陵区
	黄河中游	275600	2400	乌鞘岭以东,三门峡以西,长城以南,秦岭以北
	青藏高原	16000	8800	刘家峡、享堂峡以西地区,包括黄河上游湟水河流域和青海湖附近
甘肃河西走廊		1200	15520	乌鞘岭以西,玉门以东,北山以南,祁连山以北的走廊地带
新疆	准葛尔盆地	15840	91840	天山以北地区
	塔里木盆地	34400	51000	天山以南地区
总计		380840	254440	—

在中国黄土分布面积中,湿陷性黄土的覆盖面积约为43万km^2,约占中国黄土总面积的67%,主要分布于西起祁连山、东至太行山、北自长城附近、南达秦岭的黄河中游地区。陕、甘、宁、晋、豫、青等省(区)分布较广,冀、鲁、辽、黑、内蒙古、新疆等省区也有不连续的或零星分布。

湿陷性黄土地区共划分为七个分区。

中国湿陷性黄土的工程地质分区见表0-2。

表 0-2 中国湿陷性黄土的工程地质分区

分区	亚区	地貌	黄土层厚度（m）	湿陷性黄土层厚度（m）	地下水埋藏深度（m）	工程地质特征
陇西含青海地区Ⅰ		低阶地	4~25	3~16	4~18	自重湿陷性黄土分布很广，湿陷性黄土层厚度通常大于10m，地基湿陷等级多为Ⅲ~Ⅳ级，湿陷性敏感
		高阶地及台塬	15~100	8~35	20~80	
陇东—陕北—晋西地区Ⅱ		低阶地	3~30	4~11	4~14	自重湿陷性黄土分布广泛，湿陷性黄土层厚度通常大于10m，地基湿陷等级一般为Ⅲ~Ⅳ级，湿陷性较敏感
		高阶地及台塬	50~150	10~39	40~60	
关中地区Ⅲ		低阶地	5~20	4~10	6~18	低阶地多属非自重湿陷性黄土，高阶地和黄土塬多属自重湿陷性黄土，湿陷性黄土层厚度：在渭北黄土塬一般大于20m；在渭河流域两岸低阶地多为4~10m，秦岭北麓地带一般小于4m（局部可达12m）。在陕西与河南交界的黄土台塬区湿陷性厚度可达20~50m。地基湿陷等级一般为Ⅰ~Ⅲ级，自重湿陷性黄土层一般埋藏较深，湿陷发生较迟缓
		高阶地及台塬	50~100	8~32	14~40	
山西—冀北地区Ⅳ	汾河流域区—冀北区Ⅳ₁	低阶地	5~15	2~10	4~8	低阶地多属非自重湿陷性黄土，高阶地（包括山麓堆积）多属自重湿陷性黄土。湿陷性黄土层厚度多为5~10m，个别地段小于5m或大于10m，地基湿陷等级一般为Ⅱ~Ⅲ级。在低阶地新近堆积黄土分布较普遍，土的结构松散，压缩性较高。冀北部分地区黄土含砂量大
		高阶地及台塬	30~140	5~22	50~60	
	晋东南区Ⅳ₂		30~80	2~12	4~7	
河南地区Ⅴ			6~25	4~8	5~25	一般为非自重湿陷性黄土，湿陷性黄土层厚度一般为5m，土的结构较密实，压缩性较低。该区浅部分布新近堆积黄土，压缩性较高
冀鲁地区Ⅵ	河北区Ⅵ₁		3~30	2~6	5~12	一般为非自重湿陷性黄土，湿陷性黄土层厚度一般小于5m，局部地段为5~10m，地基湿陷等级一般为Ⅱ级，土的结构较密实，压缩性较低。在黄土边缘地带及鲁山北麓的局部地段，湿陷性黄土层薄，含水量高，湿陷系数小，地基湿陷等级为Ⅰ级或不具湿陷性
	山东区Ⅵ₂		3~20	2~6	5~8	

续表

分区	亚区	地貌	黄土层厚度（m）	湿陷性黄土层厚度（m）	地下水埋藏深度（m）	工程地质特征
边缘地区 Ⅶ	宁—陕区 Ⅶ₁		5~30	1~10	5~25	大多为非自重湿陷性黄土，湿陷性黄土层厚度一般小于5m，地基湿陷等级一般为Ⅰ~Ⅱ级。土的压缩性低，土中含砂量较多，湿陷性黄土分布不连续。定边及靖边台塬区、宁东等部分地区湿陷性土层厚度可达20m，为自重湿陷性黄土，湿陷等级Ⅱ~Ⅲ级
	河西走廊区 Ⅶ₂		5~10	2~5	5~10	
	内蒙古中部—辽西区 Ⅶ₃	低阶地	5~15	5~11	5~10	靠近山西、陕西的黄土地区，一般为非自重湿陷性黄土，地基湿陷等级一般为Ⅰ级，湿陷性黄土层厚度一般5~10m。低阶地新近堆积黄土分布较广，土的结构松散，压缩性较高，高阶地土的结构较密实，压缩性较低
		高阶地	10~20	8~15	12	
	新疆—甘西—青海区 Ⅶ₄		3~30	2~20	1~20	一般为非自重湿陷性黄土场地，地基湿陷等级一般为Ⅰ~Ⅱ级，局部为自重湿陷性黄土，湿陷等级为Ⅲ级，湿陷性黄土层厚度一般小于8m（最厚可达20m）。天然含水量较低，黄土层厚度及湿陷性变化大。主要分布于沙漠边缘，冲、洪积扇中上部，河流阶地及山麓斜坡，北疆呈连续条状分布，南疆呈零星分布

0.2 黄土的物质成分

黄土和普通土一样，由固相、液相和气相三相组成。本节着重讨论其固相部分。黄土的固相是由不同粒径和形状的各种矿物颗粒组成，并被不同成因、不同性质、不同强度的胶结物质联结在一起。黄土的物质成分是指黄土固体部分的粒度成分、矿物成分和化学成分。这些成分对黄土土性具有重要影响。

1. 黄土的颗粒组成

黄土的颗粒组成即为粒度成分，是指土中不同粒径颗粒的组成情况，可以通过室内颗粒分析试验求得。

黄土颗粒组成的基本特点是：粉粒含量较大，一般为60%左右；黏粒和砂粒含量不大，一般各占20%左右。砂粒中，主要是细砂粒和极细砂粒，大于0.25mm的颗粒很少。

中国黄土的颗粒组成有如下两个规律。

（1）就地层而言，中国黄土具有自上而下颗粒逐渐变细的规律。

（2）就地区而言，中国湿陷性黄土具有自西北向东南颗粒逐渐变细的规律。表0-3中列出了中国湿陷性黄土主要地区的颗粒组成情况，从表中可以看出，从西到东，即从陇西到关中，再到豫西，湿陷性黄土的颗粒是逐渐变细的；从北到南，即从陕北到关中，从山西到豫西，颗粒同样是逐渐变细的。

表0-3　中国湿陷性黄土主要地区的颗粒组成

地区	粒径（mm）		
	砂粒（>0.05）	粉粒（0.05~0.005）	黏粒（<0.005）
陇西	20~29	58~72	8~14
陕北	16~27	59~74	12~22
关中	11~25	52~64	19~24
山西	17~25	55~65	18~20
豫西	11~18	53~66	19~26
总体	11~29	52~74	8~26

值得注意的是，中国黄土的湿陷性也具有自上而下、自西北至东南逐渐递减的趋势。这一现象说明，黄土湿陷性的减弱，与其颗粒组成的变化有关。进一步研究表明，黄土湿陷性的减弱，与土中黏粒含量的增多有关，一般来说，黏粒含量越高，湿陷性越弱。但也有例外，这应当按照黏粒的矿物成分和黄土的结构特征去解释。

国内外大量黄土颗粒分析资料表明，黄土中粗粉粒（粒径为0.01~0.05mm）的含量远高于细粉粒（粒径为0.005~0.01mm）的含量。中国湿陷性黄土中粗粉粒的含量为45%~65%，细粉粒含量只有7%~9%。黄土浸水时，粗粉粒的活动性最大，对黄土湿陷性具有相当影响，而细粉粒和黏粒构成的团粒，也能赋予黄土一定的湿陷性。

2. 黄土的矿物成分

天然生成的单元素和化合物，称为矿物。目前在自然界中共发现3000余种矿物。

组成黄土的矿物，目前共发现有60余种，大致可分为以下三类。

（1）轻矿物：指密度小于$2.9g/cm^3$的矿物，如石英、长石、白云母、黑云母、玉髓、方解石、白云石、蛋白石等。轻矿物在黄土中含量最大，一般为60%左右，故又称为主矿物。在轻矿物中，又以石英、长石、云母的含量占优势。

（2）重矿物：指密度大于$2.9g/cm^3$的矿物，如角闪石、绿帘石、黝帘石、钛铁矿、磁铁矿、赤铁矿、褐铁矿、锆石、电气石、金红石、辉石等。这类矿物的含量不大，故又称为副矿物。

（3）黏土矿物：因其粒径小于0.005mm，故称为黏土矿物。如蒙脱石、伊利石、高岭石、绿脱石、埃洛石、拜来石、海泡石等，其含量虽然不大，但对黄土的湿陷性影响较大。

中国大部分黄土都含有相当数量的不稳定矿物，如辉石、角闪石、绿帘石、黝帘石等。

黄土中黏粒的矿物成分比较复杂，这是黄土矿物成分的一大特点。在黏粒中，含量较大的矿物是石英、伊利石、方解石、蒙脱石和高岭石，此外还有绿脱石、埃洛石、水化埃洛石、拜来石、海泡石、针铁矿、赤铁矿、叶蜡石、铬砷铅矿、白云石、有机腐植岩等。在上述矿物成分中，蒙脱石、绿脱石、埃洛石、拜来石都是亲水的，吸水后具有膨胀性，故可以阻止黄土湿陷过程的发展；其他矿物则是不亲水不膨胀的，且吸附能力也较弱，不能阻止黄土湿陷的发生与发展。故黏粒中黏土矿物的成分和比例不同，在某种程度上制约着黄土的湿陷性。国外有学者认为，在这方面起主导作用的是蒙脱石、高岭石、绿脱石和水云母。

黄土中粒径大于0.005mm部分的矿物成分以石英、长石、云母、碳酸盐为主，它们同水不起化学作用，故对黄土的湿陷性没有大的影响。

3. 黄土的化学成分

黄土的化学成分包括化学成分含量、水溶盐含量、有机质含量。

(1) 黄土的化学成分含量

黄土的化学成分含量是以各种氧化物的含量百分数来表示的。

黄土的矿物组成主要是硅酸盐，而硅酸盐中间的阴离子主要是氧，故其化学成分的分析结果，可以表示成各种氧化物的含量百分数。

黄土的主要化学成分是二氧化硅和倍半氧化物，它们在Q_3和Q_4^1黄土中约占77%，在Q_1和Q_2黄土中约占78%，其次是氧化钙，约占8%，其他氧化物总共只有8.5%左右。

由于用于分析的试样是烘干土，在土的烘干过程中，必然有一定的烧失量，所以分析结果中氧化物的总量不可能是百分之百。若要核实为百分之百，则要加上烧失量。烧失量的大小与有机质、碳酸盐和盐类结晶水的存在有关，有机质、二氧化碳、结晶水三者之和应等于烧失量。黄土的烧失量常变化于0.79%~16.9%之间。

黄土中二氧化硅和倍半氧化物的相对含量，与黄土的风化程度有关，黄土在长期风化的过程中，二氧化硅会逐渐减少，倍半氧化物则会相应增多。

二氧化硅和倍半氧化物是黄土固体颗粒的重要组成部分。钙、镁则呈固态或液态存在于黄土中，是黄土的重要胶结物质。当然，有一部分二氧化硅和倍半氧化物也能起胶结作用。

(2) 黄土的水溶盐

根据溶解度，黄土中的水溶盐分为以下三类：溶解度大的（>10%）盐类，称为易溶盐；溶解度小的（0.1%~10%）盐类，称为中溶盐；溶解度很小（<0.1%）或者说几乎不溶解的盐类，称为难溶盐。

黄土中的易溶盐主要有氯化钠、硫酸镁、碳酸钠、碳酸氢钠。据建筑部门的资料分析，晋、豫、陕、甘四省湿陷性黄土中易溶盐含量，一般为0.003%~1.74%，常见值为0.32%，个别高达4.8%。

各地黄土的易溶盐含量，与年平均降雨量有关。一般来说，降水量大的地区，黄土的易溶盐含量要少一些，故晋、陕两省黄土的易溶盐含量就比甘肃的少一些。

当黄土中易溶盐含量大于0.5%时，则为盐渍黄土。就盐渍化而言，黄土的盐渍化程度越高，其工程性能就越差。公路工程中将地表下1m深黄土中易溶盐含量大于3%者称为盐渍黄土。

黄土的pH值与易溶盐含量和黏粒所吸附的离子类型有关，表示土的酸碱性，pH<7呈酸性反应，pH>7呈碱性反应，pH=7呈中性反应。

黄土中的中溶盐是硫酸钙，也就是石膏。黄土中的石膏含量一般为0.01%~1.44%，平均为0.3%。室内浸水压缩试验证明，浸水试验后，黄土中的石膏含量有所降低，这说明，起胶结作用的那一部分石膏，对黄土的湿陷性是有所影响的。

黄土的难溶盐主要是碳酸钙，其次是碳酸镁，二者在黄土中的比例约为9∶1。因此，常以碳酸钙的含量代表难溶盐。

难溶盐多为黄土矿物颗粒之间的胶结物质，能赋予黄土以强度和稳定性。由于其可溶性较差，故对黄土的初期湿陷变形无明显的影响。但黄土若长期处于浸水状态，随着难溶盐的溶解和析出，将会给黄土带来后期湿陷变形。

总之，水溶盐对黄土性质的影响取决于三方面：①水溶盐的溶解度；②水溶盐的含量；③水溶盐在土中的存在状态。

（3）黄土的有机质

中国黄土的有机质含量一般为0.002%～2.00%，平均为0.64%。由于黄土中的有机质含量常小于2%，故对土的工程性质影响不大。有机质持水性大，表面作用强，常聚集于大孔壁上，也有分散于黏粒中的，受水浸湿时会吸水膨胀，使土崩解，故当其含量超过2%时，对土的工程性能会带来不利影响。

思考题

1. 简述黄土的成因类型。
2. 简述中国黄土的分布特征。
3. 简述黄土的矿物成分。

第1章　黄土物理性质及工程特性

黄土的物理力学性质是指黄土的三相比例关系和物理状态特征。黄土的基本力学性质是指黄土的压缩性、抗剪强度及渗透性。黄土的压实性与土体三相比例关系和物理状态特征有关。黄土的湿陷性和承载力，当属力学性质的范畴。

本章重点分析天然黄土的物理力学性质及其浸水影响。压实黄土属于扰动黄土。

由于黄土的成因、分布和自然环境等各不相同，故各地黄土的物理力学性质也不相同。即使在同一地区，有关部门对黄土的归类、取样地点和数量也有所不同，因此所提供该地区黄土的物理力学性质指标也略有差异。

1.1　黄土的物理性质

黄土的物理性质是通过一系列物理性质指标来表述的。广义的物理性质指标包括三相比例指标和物理状态指标两部分，狭义的物理性质指标则专门指土的三相比例指标。

1.1.1　黄土的物理性质

1. 黄土的三相比例指标

黄土与普通土一样，是由固相、液相和气相三相组成的，三相之间不同的比例关系，决定着黄土的物理性质。

黄土三相比例指标的含义与普通土相同。

（1）基本指标

①土的密度（天然密度）：单位体积中土的质量（g/cm³ 或 kg/m³）

$$\rho = \frac{m}{V} = \frac{m_s + m_w}{V_s + V_w + V_a} \tag{1-1}$$

式中　m——土的质量；

V——土的体积；

m_s——土的固体颗粒的质量；

m_w——土中水的质量；

V_s——土的固体颗粒部分总体积；

V_w——土中水的体积；

V_a——土中气体的体积。

实验室测定时用环刀切取土样（体积已知），称出 m 后算得 ρ。

重度（unit weight）：单位体积土的质量（kN/m³），在工程上用以计算土的自重应力。

$$\gamma = \frac{G}{V} = \frac{G_s + G_w}{V} \tag{1-2}$$

密度和重度的关系：

$$\gamma = \rho g \tag{1-3}$$

式中　g——重力加速度，$g=9.81\text{m/s}^2$。

②土粒的比重（土粒的相对密度）d_s（specific density of solid particles）

土粒的质量与同体积纯蒸馏水在4℃时的质量之比（无量纲），实验室用比重瓶法测定，一般在2.6~2.8之间，一般土的相对密度见表1-1。

表1-1　一般土的相对密度

土名	砂土	砂质粉土	黏质粉土	粉质黏土	黏土
土粒相对密度	2.68	2.7	2.71	2.72~2.73	2.74~2.76

土粒的相对密度按下面公式计算：

$$d_s = \frac{m_s}{V_s(\rho_w^{4℃})} \tag{1-4}$$

式中　$\rho_w^{4℃}$——4℃时纯蒸馏水的密度。

土粒的相对密度在数值上等于土粒的密度。

③土的含水率（water content）：土中水的质量与土粒质量之比，用百分数表示

$$W = \frac{m_w}{m_s} \times 100\% \text{（变化范围很大）} \tag{1-5}$$

$W<20\%$，稍湿；$20\% \leqslant W \leqslant 30\%$，湿；$W>30\%$，很湿。

常用烘干法测定，烘箱的温度为105℃，实验室也可采用酒精燃烧法测定W，土的W发生变化时，力学性质也会改变。土的含水率增大，其力学性质变差。

不同地质年代黄土的物理力学性质见表1-2。

表1-2　不同地质年代黄土的物理力学性质

地质年代	物理性质		力学性质			
	干密度 ρ_d	孔隙比 e	压缩性	渗透性	抗剪强度	湿陷特性
Q_4	小	大	高	强	低	强
Q_3	较小	较大	较高	较强	较低	较强
Q_2	较大	较小	较低	较弱	较高	弱
Q_1	大	小	低	弱	高	无

（2）其他常用的物理性质指标（导出指标）

通过三相图和基本指标推导得到的指标。

①表示土中孔隙含量的指标——在某种程度上反映土的松密

孔隙比（void ratio）：土中孔隙的体积与土颗粒体积之比，用百分数表示。

$$e = \frac{V_w + V_a}{V_s} = \frac{V_v}{V_s} \tag{1-6}$$

式中 V_v——土的孔隙部分总体积。

设土颗粒体积 $V_s=1$，则 $V_v=e$；$\gamma_s=\dfrac{G_s}{V_s}$，可得 $\gamma_s=G_s$；

又：
$$W=\dfrac{G_w}{G_s},\ G_w=G_sW=\gamma_sW$$

所以：
$$G=G_s+G_w+G_a=G_s+G_sW=(1+W)G_s=(1+W)\gamma_s$$

通过推导可得：
$$e=\dfrac{d_s\rho_w}{\rho_d}-1=\dfrac{d_s(1+W)\rho_w}{\rho}-1$$

孔隙率（porosity）：土中孔隙体积与土的总体积之比，用百分数表示。

$$n=\dfrac{V_v}{V}=\dfrac{V_v}{V_s+V_v}=\dfrac{V_v}{1+V_v}=\dfrac{e}{1+e} \tag{1-7}$$

二者之间的关系：$e=\dfrac{V_v}{V_s}$，$V_s=1$，$e=V_v=\dfrac{n}{1-n}$

②表示土中含水程度的指标（饱和度）

土的饱和度（degree of saturation）：土中水的体积与孔隙体积之比。

$$S_r=\dfrac{V_w}{V_v} \tag{1-8}$$

由三相图可得：$G_w=\gamma_sW$，$V_w=\dfrac{G_w}{\gamma_w}=\dfrac{\gamma_sW}{\gamma_w}$，则：

$$S_r=\dfrac{V_w}{V_v}=\dfrac{Wd_s}{e}\times100\%$$

$S_r\leqslant50\%$，稍湿；$50\%<S_r\leqslant80\%$，潮湿；$S_r>80\%$，饱和。

饱和度是衡量土潮湿程度的物理指标，表示土中孔隙被水充满的程度，如土中孔隙完全被水充满，则 $S_r=1$，当黏性土的饱和度为 1 时，不可能再夯实。

③表示土密度和重度的指标

湿密度和湿重度（天然状态下）：三相土的密度和重度，用 ρ 和 γ 表示。

有效密度和重度：在地下水位以下，土体受到水的浮力作用时土的密度和重度，用 ρ' 和 γ' 表示。

$$\rho'=\dfrac{m_s-V_s\rho_w}{V} \tag{1-9}$$

$$\gamma'=\dfrac{G_s-V_s\gamma_w}{V} \tag{1-10}$$

饱和密度和重度（saturated unit weight）：土中孔隙完全被水充满时土的密度和重度，用 ρ_{sat} 和 γ_{sat} 表示。

$$\rho_{sat}=\dfrac{m_s+V_v\rho_w}{V} \tag{1-11}$$

$$\gamma_{sat}=\dfrac{G_s+V_v\rho_w}{V} \tag{1-12}$$

干密度和干重度（土被完全烘干状态）：单位体积内土颗粒的质量和重量；

$$\rho_d = \frac{m_s}{V} \tag{1-13}$$

$$\gamma_d = \frac{G_s}{V} \tag{1-14}$$

可推导出 ρ_d 和 ρ 的关系：$\rho_d = \frac{\rho}{1+W}$；干密度常用来评定填土的松密程度以控制填土的施工质量。

在上述指标中，对于天然黄土，常用的指标是土粒相对密度、土的含水率、重度或密度、干重度或干密度、孔隙比或孔隙率、饱和度等。黄土的土粒相对密度，取决于土的颗粒组成及矿物成分；天然含水率及饱和度反映了黄土的潮湿程度，与黄土所处地区的年平均降雨量或地下水埋藏深度有关；天然孔隙比、孔隙率、干密度反映了土的密实程度；天然密度则与土粒的相对密度和土的干密度、湿度有关。

黄土的湿度和密实程度对其湿陷性影响较大。我国工程界普遍的看法是，孔隙比大于 0.85 的黄土，一般具有湿陷性；干密度大于 1.5g/cm^3 的黄土，一般没有湿陷性；饱和度大于 80% 的黄土，一般没有湿陷性。

黄土天然含水率受土层深度的影响，在很大程度上取决于下部不透水层的存在。若下部有不透水层，黄土自上而下，可以分成三个带：①受季节性浸水影响的活动带，一般无湿陷性；②含水率相对稳定带，常有湿陷性；③毛细饱和带，无湿陷性。

在多数情况下，可以把天然黄土分为两层：①受季节性浸水影响的土层，称为活动层；②不受季节性浸水影响的土层，称为静止层。

黄土的天然孔隙比，一般随土层所处深度的增加而减小。有关资料表明，我国新近堆积黄土的孔隙比为 $0.62\sim1.22$，Q_4^3、Q_4^1 湿陷性黄土的孔隙比为 $0.85\sim1.24$，离石黄土的孔隙比为 $0.70\sim0.90$。

2. 黄土的物理状态指标

按照颗粒组成及塑性指数，黄土属于黏性土和粉土，故黄土的物理状态，就是它作为黏性土和粉土的稠度状态，即在不同含水率下的软硬状态。

随着含水率的增加，黄土的稠度状态依次可分为固态、半固态、可塑状态和流动状态。
不同状态之间的含水率称为界限含水率。

（1）界限含水率

两稠度状态分界含水率，又称为阿特堡界限 [Atterberg limits（1911） Atterberg：瑞典农业土壤学家]。

① 缩限 W_s（shrinkage limit）：固态与半固态的界限含水率（用收缩皿法测定）。

收缩皿法：把土料的含水率调到大于土的液限，然后将试样分层填入收缩皿中，刮平表面，烘干，测出干试样的体积并称量准确至 0.1g 后，按下式计算：

$$W_s = \left(0.01W - \frac{V_1 - V_2}{m_s} \cdot \rho_w\right) \times 100 \tag{1-15}$$

式中　W_s——土的缩限（%）；

W——制备含水率（%）；
V_1——湿土体积（cm³）；
V_2——烘干后土的体积（cm³）。

②塑限 W_p（plastic limit）：半固态与可塑状态的分界含水率，又称塑性下限。

试验用搓条法测定：用手滚搓土条，若土条搓至直径为 3mm 时出现大量裂纹，断成 2~3cm 的小段，则此时的含水率为塑限。

③液限 W_l（liquid limit）：可塑状态与流动状态的分界含水率。

试验用锥式液限仪测定：调好的土样装满盛土杯，将液限仪锥尖垂直置于土面上，缓缓放手，若经 15s 锥体入土深度恰为 10mm，则此时的含水率为液限。

注：对于锥体的沉入深度，有不同的规定。《建筑地基基础设计规范》（GB 50007）和《岩土工程勘察规范》（GB 50021）采用的沉入深度为 10mm，《土的工程分类标准》（GB/T 50145）为 17mm。

（2）稠度指标

①塑性指数 I_p（plasticity index）：用来反映土的可塑范围，即液限与塑限的差值。

$$I_p = W_L - W_p (省略 \%) \tag{1-16}$$

I_p 与黏粒含量有关，能反映土的矿物成分和颗粒大小的影响，体现的是黏性土吸附结合水的能力，故可按塑性指数对黄土分类。

②液性指数 I_L（liquidity index）：用来反映稠度状态，是天然含水率与界限含水率的相对关系：

$$I_L = \frac{W - W_p}{W_L - W_p} = \frac{W - W_p}{I_p} \tag{1-17}$$

当：$I_L \leq 0$ 为固态、半固态；
0<I_L≤1 为可塑状态；
I_L>1 为流动状态。

黄土的天然含水率一般都小于塑限，故其液性指数一般都小于零。这说明天然黄土一般都处于坚硬状态。

黄土的液限对其湿陷性有一定的影响，一般认为，液限大于 30% 的黄土，其湿陷性较弱。而湿陷性黄土，当浸水后的含水率达到液限时，一般会发生湿陷变形。

1.1.2 湿陷性黄土的物理性质

湿陷性黄土是黄土的一种，故前述黄土物理性质中的有关概念，也适用于湿陷性黄土。但湿陷性黄土是特殊土，在压力作用下浸水能产生显著的湿陷变形，故有必要对其物理性质做进一步探求。

1. 中国湿陷性黄土的物理性质指标

我国湿陷性黄土天然含水量的一般值为 7%~23%，天然密度为 1.33~1.81g/cm³，天然孔隙比为 0.80~1.24，液限一般为 21.7%~32.5%，塑性指数的一般值为 6.7~13.1。

我国湿陷性黄土天然含水量的平均值为 12.4%~21%，天然密度的平均值为 1.50~1.67g/cm³，天然干密度的平均值为 1.31~1.43g/cm³，天然孔隙比的平均值为 0.87~1.10，天然饱和度的平均值为 35.9%～55.6%，液限的平均值为 27%～30.4%，塑限的平均值为 16.7%～18.5%，塑性指数的平均值为 9～12.5。

陇西地区湿陷性黄土的天然孔隙比较大，而天然含水率、天然密度、天然干密度、天然饱和度、液限、塑限及塑性指数较小。且自西北向东南，我国湿陷性黄土的天然孔隙比有减小的趋势，而天然含水率、天然密度、天然干密度、天然饱和度、液限、塑限及塑性指数则有增大的趋势。上述规律是与自西北向东南气候逐渐湿润、湿陷性黄土颗粒逐渐变细的规律相吻合。

2. 浸水对湿陷性黄土物理性质的影响

浸水对湿陷性黄土物理性质的影响，主要体现在密度的改变上。黄土浸水湿陷后，由于土粒接近而压密，从而使黄土的孔隙比减小，干密度增大。

表 1-3 为湿陷性黄土干密度的浸水变化，该表根据青海吕云芳等的浸水试验资料整理而得。试验场地位于青海省大通县兰冲水库左岸，场地自重湿陷性黄土层总厚度为 28m，经连续浸水 76d 后，干密度增大了 9.7%～15.1%，在表列范围内，天然干密度的平均值为 1.290g/cm³，浸水后的干密度平均增到 1.454g/cm³，平均增大了 12.7%。此外，乐都区泉脑地区的湿陷性黄土，厚 25m，天然干密度的平均值为 1.285g/cm³，浸水后干密度的平均值为 1.45g/cm³，平均增大了 12.8%。这两个地区湿陷性黄土干密度的浸水变化基本上是一致的。

表 1-3　湿陷性黄土孔隙率的浸水变化（新德荣灌区）

土层距地面深度（m）	孔隙率（%）		改变量（%）
	渠底（浸水 3 年后）	湿陷区域以外	
0～2	41.3	47.7	13.4
2～4	42	48.1	12.7
4～6	41.4	47.9	13.5
6～8	41.1	47.9	13.5
8～10	44.2	48.7	9.24
10～12	43.8	48	8.75
12～23	42.3	46.8	9.62

显然，湿陷性黄土孔隙率和干密度的浸水变化与黄土的湿陷性强弱有关。湿陷性越强，其变化量就越大。

1.2　黄土的结构与构造特征

1.2.1　黄土的结构特征

黄土的结构是指其颗粒形态、空间排列和胶结状况的综合特征。这些特征是在黄土生成和发育过程中形成的。由于黄土的结构常借助于扫描电子显微镜进行观察研究，故又称为微结构或显微结构。黄土的湿陷性与其结构特征密切相关。

关于对黄土结构的认识，国内外学者都在探讨研究，现综合分析如下：

1. 黄土的颗粒形态

黄土的颗粒形态系指土中固体成分的聚集形态，可划分为两大类。

（1）粗颗粒：即骨架颗粒。一般指砂粒和粗粉粒，呈棱角状或准棱角状。

由于土中黏粒的吸附作用，常使细散的黏粒吸附在粗颗粒的周围，并与水溶盐共同构成薄膜，形成外包胶结薄膜的粗颗粒。这一现象，有助于土中团粒的形成。

（2）团粒：系由水溶盐、黏土矿物和其他胶体、凝聚体胶结凝聚而成的集合体。按其形状，可以把团粒分为两种。

①粒状团粒：又称集粒，状如土粒，粒径一般小于 0.25mm。集粒又有刚性和柔性之分。刚性集粒的刚度较大，常见于干旱地区，能赋予黄土以湿陷性；柔性集粒见于湿润地区，由于雨水使盐类淋湿，故其刚度较小，一般不赋予黄土以湿陷性。

②块状团粒：常呈凝块状或絮凝状。一般认为，它是由柔性集粒进一步软化、合并而成，故其刚度小、体型大，常见于湿润地区。它不赋予黄土以温陷性。

我国主要湿陷性黄土地区，西北部因气候干燥，故以粒状团粒为主；东南部因气候湿润，故以块状团粒为主；中间为二者的过渡。

按遇水的稳定性，杰尼索夫等把黄土中的团粒分为如下四种：

（1）遇水不稳定的团粒：这种团粒系由易溶盐和可逆干胶体胶结凝聚而成。遇水后，由于易溶盐的溶解和胶体的软化，会使团粒崩解，从而给黄土带来一定的湿陷性。一般来说，黄土中这种团粒越多，其湿陷性越强。

（2）遇水稳定的团粒：这种团粒系由中溶盐（如石膏）和腐植质胶体胶结而成。遇水后，由于中溶盐的溶解和胶体的软化，特别是腐植质的吸水膨胀，也会使团粒崩解，不过其崩解速度较缓慢，故它的存在，也能给黄土带来一定的湿陷性。

（3）抗水的团粒：这种团粒系由难溶盐等（如碳酸钙、氧化铁）通过胶体化学作用而形成。其抗水性较好，一般不能赋予黄土以湿陷性。

（4）高度抗水的团粒：这种团粒系由二氧化硅和三氧化二铁胶结其他细小颗粒而成。其抗水性甚佳，不受浸水的影响，不会造成湿陷变形。相反，却能增加黄土的强度和稳定性。

上述四种团粒在黄土中都能遇到，只是所占比例不同而已。可以认为，湿陷性黄土的特点，就是土中含有粒径小于 0.25mm 的团粒。显然，这主要是指刚性集粒。尚需指出的是，国内学者常把粗颗粒和粒状团粒统称为粒状颗粒。

2. 骨架颗粒的排列方式

黄土中骨架颗粒的排列方式有如下两种基本形式（图 1-1）。

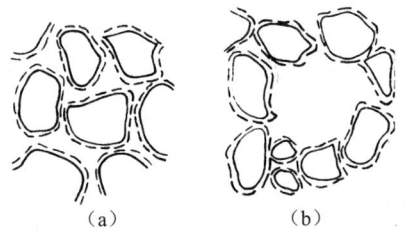

图 1-1　黄土骨架颗粒的排列方式
（a）镶嵌排列；（b）架空排列

（1）镶嵌排列：骨架颗粒排列紧密，犬牙交错，互相嵌入，为镶嵌排列。呈镶嵌排列的黄土，一般无湿陷性。

（2）架空排列：骨架颗粒排列松散，架空起来，称为架空排列。呈架空排列的黄土，一般具有湿陷性。

3. 黄土的结构孔隙

黄土中有各种各样的孔隙，概括起来，可以分为两大类。一类与黄土的结构有关，可称为结构孔隙，孔径一般不超过 0.5mm。另一类与黄土的构造有关，可称为构造孔隙，其孔径常大于 0.5mm。

黄土的结构孔隙分如下三种：

（1）细孔隙：对细孔隙的说法不一。一种说法是相当于最大体积吸湿量的孔隙；另一种说法是吸附水膜所占胶体颗粒之间的孔隙。实际上，凝聚在一起的胶体颗粒之间的孔隙，以及胶体颗粒与所附着粗颗粒之间的孔隙，均属于细孔隙。细孔隙占黄土孔隙总体积不足 10%。

（2）粒间孔隙：系指骨架颗粒呈镶嵌排列时的骨架颗粒之间的孔隙（图 1-2a）。这种孔隙的孔径比骨架颗粒的粒径小，结构比较稳定，因此对黄土的湿陷性不会造成影响。

（3）架空孔隙：系指骨架颗粒呈架空排列时所造成的孔隙（图 1-2b）。其孔径比构成孔隙的骨架颗粒的粒径大，但一般不超过 0.5mm。这种孔隙的地位至关重要，其体积有时可占黄土孔隙总体积的 30% 以上。当黄土浸水并能破坏粒间联结时，土粒在压力下挤入孔隙内，从而使黄土出现湿陷变形。

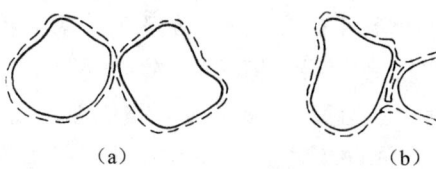

图 1-2　黄土骨架颗粒的连接形式
(a) 接触连接；(b) 胶结连接

4. 骨架颗粒的连接形式

黄土中骨架颗粒的连接有如下两种基本形式。

（1）接触连接：粒间一般为点接触，有时呈棱边接触。由于接触面很小，故在接触处只有极少的盐晶等胶结物，这种连接形式称为接触连接（图 1-2a）。

（2）胶结连接：粒间呈面接触，接触处有较厚的黏土矿物薄膜，并夹有盐晶薄膜，从而把骨架颗粒胶结在一起，这种连接形式称为胶结连接（图 1-2b）。

5. 黄土的胶结类型

黄土中的胶结物主要是黏土矿物和水溶盐。黏土矿物以伊利石、蒙脱石、高岭石为主，水溶盐以碳酸钙为主。细粉粒也能起胶结作用。

（1）胶结物的聚集形式分以下三种，如图 1-3 所示。

①薄膜状聚集：胶结物分布在骨架颗粒四周，呈薄膜状，厚度一般小于 0.1mm。

②镶嵌状聚集：胶结物呈不规则形状穿插在骨架颗粒之间，把许多骨架颗粒镶嵌在一起。

第1章　黄土物理性质及工程特性

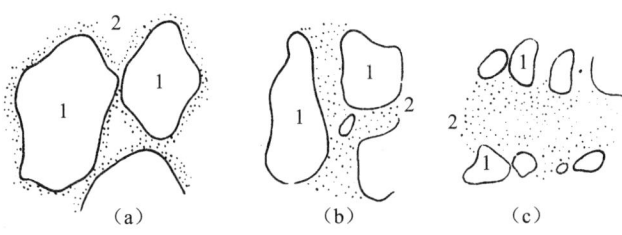

1—骨架颗粒；2—胶结物
图 1-3　黄土中胶结物的聚集形式
（a）薄膜状；（b）镶嵌状；（c）团聚状

③团聚状聚集：胶结物含量较多，穿插于骨架颗粒之间呈团聚状，把骨架颗粒胶结在一起。

（2）胶结类型：根据骨架颗粒的大小、形状和胶结物的聚集形式，可将黄土的胶结类型分为如下三种，如图 1-4 所示。

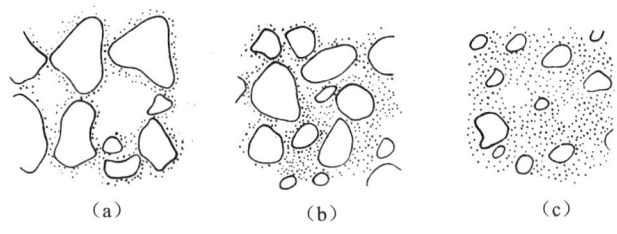

图 1-4　黄土的胶结类型
（a）粒状胶结；（b）粒状-团状胶结；（c）团状胶结

①粒状胶结：即接触式胶结。土中胶结物较少，在棱角状骨架颗粒外形成薄膜，骨架颗粒彼此接触，粒间孔隙较大，接触点胶结物较少，这种胶结称为粒状胶结。显然，粒状胶结较脆弱，能赋予黄土以湿陷性。

②粒状-团状胶结：即接触-基底式胶结。土中胶结物较多，不规则分布于骨架颗粒之间；呈团块状集中于骨架颗粒接触点处，将骨架颗粒镶嵌在一起，这种胶结称为粒状-团状胶结。它是粒状胶结和团状胶结的过渡型胶结。

③团状胶结：即基底式胶结。土中胶结物很多，而骨架颗粒又较细，呈星点状分布于胶结物中，这种胶结称为团状胶结。团状胶结的胶结较充分，连结牢固，结构致密，故不能赋予黄土以湿陷性。

6. 黄土的结构分类

这里介绍黄土结构的三种分类方法。

（1）拉里奥诺夫分类法：拉里奥诺夫根据黄土的结构特征，把黄土的结构分为如下三类：

①粒状结构：其特点是黄土中黏粒含量较少，只能充当骨架颗粒间的接触胶结物，不足以引起团粒的形成与生长还有一部分细小颗粒则起填充作用。具有这种结构的黄土，其湿陷性较强。

②团粒结构：主要是由团粒组成，其特点是土中骨架颗粒较细，而胶结物较多，从而形

成各种团粒。团粒强度大小视构成团粒的黏土矿物和盐类的数量和性质而定。具有这种结构的黄土，一般无湿陷性，或只有弱湿陷性。

③粒状-团粒结构：属于过渡型结构，其特点介于粒状结构和团粒结构之间。

拉里奥诺夫的上述分类方法，与黄土的胶结类型有其相似性。

（2）高国瑞分类法：高国瑞认为，黄土的颗粒形态、排列方式和连接形式，是决定黄土湿陷性的主要结构特征。他将黄土的结构分为十二种，见表1-4。表中所列十二种结构类型自上而下，其湿陷性由强到弱，前八种是有湿陷性的，后四种基本上是非湿陷性的。

表1-4 黄土结构的分类（高国瑞分类法）

类别	颗粒形态	排列状况	连接形式	名称
I	粒状	架空	接触	粒状、架空、接触结构
II	粒状	架空	接触-胶结	粒状、架空、接触-胶结结构
III	粒状	架空-镶嵌	接触	粒状、架空、镶嵌、接触结构
IV	粒状	架空	胶结	粒状、架空-镶嵌、接触-胶结结构
V	粒状	架空-镶嵌	接触-胶结	粒状、架空、镶嵌、胶结结构
VI	粒状	架空-镶嵌	胶结	粒状、架空-镶嵌、胶结结构
VII	粒状-凝块	架空	胶结	粒状-凝块、架空、胶结结构
VIII	粒状-凝块	架空-镶嵌	胶结	粒状-凝块、架空-镶嵌、胶状结构
IX	粒状	镶嵌	接触	粒状、镶嵌、接触结构
X	粒状	镶嵌	胶结	粒状、镶嵌、胶结结构
XI	粒状-凝块	镶嵌	胶结	粒状-凝块、镶嵌、胶结结构
XII	凝块	镶嵌	胶结	粒状、镶嵌、胶结结构

（3）王永焱等分类法：王永焱等认为，黄土的矿物颗粒接触、孔隙和胶结程度为黄土湿陷性的主要结构特征，并将黄土的结构分为三种结构组合和六种结构类型，见表1-5。

表1-5 黄土结构的分类（王永焱等分类法）

结构组合	结构类型	岩性特征	地质时代	地理分布	图像特点
支架—镶嵌结构组合	1. 支架大孔结构	淡灰黄色疏松黄土	晚更新世	六盘山以东及以西	颗粒和孔隙清楚
	2. 镶嵌微孔结构				
半胶结结构组合	1. 支架大孔半胶结结构	淡灰黄色黄土	中更新世	六盘山以东及以西	颗粒和孔隙都清楚，颗粒表面和孔隙有少量胶结物
	2. 镶嵌微孔半胶结结构	上部：淡灰褐色黄土 下部：淡灰褐色石质黄土	中更新世—晚更新世	六盘山以西	
胶结结构组合	1. 絮凝胶结结构	灰褐色石质黄土	早更新世	六盘山以西	颗粒不清，主要是胶结物
	2. 凝块胶结结构	浅灰褐色石质黄土	早更新世—中更新世早期	六盘山以东	

1.2.2 黄土的构造特征

黄土的构造是指同一成因黄土中结构和性质不同部分的排列及土中其他宏观现象的综合特征。如果把前述黄土的结构称为黄土的微结构，那么，黄土的构造就可以称为黄土的宏观结构或宏结构。

黄土的构造有如下特征：

（1）层状结构

黄土的层状构造就是指黄土的成层性，即黄土沿竖向由若干层组成，不同层次的黄土，其结构和性质也不相同，有的湿陷性强，有的湿陷性弱，有的则无湿陷性。黄土的层状构造还反映在黄土中存在有粗粒夹层和透镜体，有时还有黏土组成的微薄层理及钙质结核层。

层状构造是次生黄土的构造特征。因为次生黄土是原生黄土经水力和重力作用再次搬运重新沉积而成的，加之地质演变的复杂性和沉积年代、成岩程度的不同，就必然会形成不同层次的黄土。

（2）裂缝状构造

黄土被柱状裂缝所分割，从而破坏了黄土的整体连续性，这种构造称为裂缝状构造。裂缝状构造是原生黄土的构造特征。原生黄土的柱状裂缝最为发育；次生黄土也有柱状裂缝，但延伸较小，不是其主要构造特征。

黄土中的柱状裂缝，是由各种自然现象所造成的，如热胀冷缩、滑坡、地震等。在干旱地区形成的原生黄土，由于气候干燥且土结构多属粒状架空接触结构，故柱状裂缝发育最好。黄土的柱状裂缝缝壁不规则，缝壁上常有钙质粉末，且胶结不良、土粒突起，它的存在能加快湿陷变形的发展，对工程建设是很不利的。

（3）黄土中的其他构造孔隙

黄土中存在有各种肉眼可见的大孔隙（孔径>0.5mm），这些孔隙可称为构造孔隙。

黄土的构造孔隙除柱状裂缝外，还有如下数种：

①大孔隙：系指一般肉眼可见的近于垂直的孔隙。孔径从 0.5mm 至数毫米。按其生成情况，大孔隙可分为两种。

原生大孔隙：大孔断面为棱角形，孔壁胶结较差，属于非水稳性大孔，遇水会丧失稳定，使土粒陷入孔内，从而将导致黄土湿陷变形的发生。

次生大孔隙：大孔断面为圆形和椭圆形，孔壁常布有碳酸钙胶结薄膜，紧裹着孔壁上的土粒，这种大孔隙属于水稳性大孔隙，遇水不易破坏，因此，它的存在对黄土的湿陷性不会有大的影响。

黄土中的大孔隙一般只占黄土孔隙总体积的10%左右，且又多是次生大孔隙，故它不是造成黄土湿陷的主要原因。但值得注意的是，这种大孔隙的存在会对黄土的渗透性带来重要影响。因它是近于垂直的，所以会加速水在黄土中的竖向渗透，这样，它可间接影响黄土的湿陷变形。

②虫孔：系由土中蠕虫活动而形成的孔洞，最大孔径可达2mm，孔壁常布有虫屎。

③根孔：系由植物根腐烂后而形成的孔洞，孔径随根径而变。

④鼠洞：系由田鼠活动而形成的孔洞，直径较大。

⑤溶洞：即岩溶地区形成的黄土"喀斯特"，俗称土洞，系由淋溶潜蚀造成的。土洞对工程建设的危害很大，如青海的一些地区，黄土中土洞甚多，浸水后由于塑性土流挤入土洞，往往会造成地面的塌陷。鉴于目前一些工程单位所拥有的工程地质勘察手段，常常不能事先完全查明地下土洞的情况，因此，很难预计塌陷变形的大小。

⑥人为穴洞：系指人工开挖而成的地下穴洞，如古墓、古井、地道等。它们与淋溶浸蚀大孔洞一样，浸水后也会造成地面塌陷。

(4) 黄土中的包含物

黄土中的包含物也是黄土构造的特征之一。由于黄土的分布地区和沉积年代不同，其包含物也各不相同。黄土常见的包含物有：

①人类活动遗物：砖、瓦、陶瓷碎片、朽木等。

②钙质粉末：常附在裂缝壁或大孔壁上，有的呈菌丝状或条纹状分布，有的呈星点状分布。

③钙质结核：有的呈零星状分布；有的呈密集状分布，甚至构成密集钙质结核层。

④砂、砾及岩石碎屑。

⑤古土壤。

⑥植物根。

黄土是第四纪堆积物，按其颗粒成分属于细粒土（或粉土、黏性土）。其中，部分黄土具有不同于普通细粒土的特殊成分与性质，浸水后会发生显著下沉变形，称为湿陷性黄土，工程界普遍将它视为特殊土。

1.3 黄土的类型及一般特征

1.3.1 按典型特征划分

按照黄土的典型特征，可以把黄土分为两种：黄土与黄土状土。

黄土的典型特征大致可归纳为以下六点：

(1) 颜色以黄色、褐色为主，有时呈灰黄色。

(2) 颗粒组成以粉粒（粒径为 0.005~0.05mm）为主，含量一般在 60% 以上，不含粒径大于 0.25mm 的颗粒。

(3) 孔隙比较大，一般在 1.0 左右甚至更大，并具有肉眼可见的大孔隙，俗称黄土为大孔土。

(4) 富含碳酸钙盐类，或含大量钙质结核。

(5) 垂直节理发育，天然状态下能保持直立陡壁，故又称黄土为立土。

(6) 无层理。

凡是全部具备上述六项典型特征的黄土，称为黄土。凡是缺少上述一项或几项特征的黄土，称为黄土状土。

1.3.2 按成因划分

1. 粗略划分法

按黄土的成因，可以把黄土分为两种：即原生黄土和次生黄土。

不具层理的风成黄土，称为原生黄土；原生黄土经水力和重力作用，再次搬运，重新沉积而形成的黄土，称为次生黄土。次生黄土具有层理，且含有砂粒，以至细砾。

2. 我国铁路部门的划分法

在我国铁路工程中，按照黄土的成因将其分为以下七种：

（1）风积黄土：分布在黄土高原平坦的顶部（特别是风水岭地带）和山坡上，堆积厚度较大，一般无层理，上下质地较均一，具有多孔性和发育很好的垂直节理。

（2）坡积黄土：分布受地形条件影响，多在山地前梁、峁的斜坡上。一般厚度不大。

（3）冲击黄土：主要分布在大河谷的阶地上，阶地越高，厚度越大；有层理，并具有其他土的夹层，下面常有较厚的砂砾层。

（4）洪积黄土：多分布在山间盆地，有不规则的层理，分早期和晚期两种。

（5）残积黄土：多分布于基岩上面，厚度较薄。

（6）残积-坡积黄土：多分布于低山山顶及缓坡上。

（7）坡积-洪积黄土：多分布在小型山间盆地和山前地带，厚度不均，夹有粗粒。

1.3.3 按湿陷性划分

所谓湿陷性，是指天然黄土在一定压力作用下达到压缩稳定后，因外界浸水而产生下沉变形（湿陷变形）的性质。黄土最大的特点是具有湿陷性，但不是所有的黄土都具有湿陷性。

按黄土的湿陷性，可以把黄土分为两大类：

（1）非湿陷性黄土：在一定压力下浸水，无显著下沉变形的黄土，称为非湿陷性黄土。这种黄土与普通细粒土无本质的区别。

（2）湿陷性黄土：在一定压力下浸水，土结构迅速破坏，并发生显著下沉变形的黄土，称为湿陷性黄土。这种黄土具有与普通细粒土不同的特殊性质，即湿陷性，属于特殊土的范畴。

湿陷性黄土又分为两种：

①非自重湿陷性黄土：在上覆土的自重压力下浸水，不发生显著下沉变形，但在自重压力和附加压力联合作用下浸水，发生显著下沉变形的湿陷性黄土。

②自重湿陷性黄土：在上覆土的自重压力下浸水，发生显著下沉变形的湿陷性黄土。

1.3.4 按地层划分

我国黄土在第四纪各个历史时期都有堆积。黄土的形成年代，决定了黄土的地层划分。形成年代不同，黄土的成分和性质也不同，一般来说，黄土的形成年代越晚，其湿陷性也就越强。

黄土形成年代的确定，常以土中动植物化石作为鉴定标准，而地层的区分，又常以待定地层剖面与标准地层剖面加以对比来确定。显然，二者是相辅相成的。

表 1-6 是我国《湿陷性黄土地区建筑标准》（GB 50025）对黄土的地层划分。从表 1-6 中可以看出，我国黄土的地层分为四种：早更新世黄土（午城黄土）、中更新世黄土（离石黄土）、晚更新世黄土（马兰黄土）、全新世黄土（黄土状土）。

表 1-6　中国黄土的地层划分

时代	地层划分		说明
全新世 Q_4	新黄土	黄土状土	一般具有湿陷性
晚更新世 Q_3		马兰黄土	
中更新世 Q_2	老黄土	离石黄土	上部部分具有湿陷性
早更新世 Q_1		午城黄土	不具湿陷性

注：全新世 Q_4 包括湿陷性黄土 Q_4^1 和新近堆积黄土 Q_4^2。

（1）早更新世黄土：简称 Q_1 黄土，因在山西省隰县午城镇首先发现，故又称为午城土。形成于距今 70 万~120 万年之间。厚度一般为 40~100m，常见于古洼地，上覆中更新黄土，下伏第三纪晚期红黏土或砂砾层，间有近 20 层的密集钙质结核层，系古土壤钙化的遗物；有时还有粗夹层。颗粒组成以粉粒为主，粉粒和黏粒含量比后期形成的黄土高。颜色为微红和红棕色。土质均匀致密，乃至坚硬，开挖很困难，孔隙比小，无大孔，故压缩性低，强度高，无湿陷性。柱状节理发育，无层理，出露地表风干后易坍塌。

（2）中更新世黄土：简称 Q_2 黄土，因在山西省离石区首先发现，故又称为离石黄土。形成于距今 10 万~70 万年之间。厚度一般为 50~70m，最大可达 170m。上覆晚更新世黄土，下伏早更新世黄土，间有数层乃至十余层古土壤，常出露于山间深切河谷的两侧。颗粒组成以粉粒为主，粉粒和黏粒含量比马兰黄土高，一般无湿陷性，上部有时有轻微湿陷性。常呈深黄、棕黄、微红色。土质均匀致密，用锹镐开挖困难，稍具大孔，有柱状节理，无层理。上部含钙质结核少而小，下部渐多而大，有时夹有粗粒及岩屑透镜体。

（3）晚更新世黄土：称为 Q_3 黄土，因在北京西北马兰山首先发现，故又称为马兰黄土。形成于距今 5000 年~10 万年之间。厚度一般为 10~30m，常覆盖于黄土塬顶部和大河谷高级阶地。土质均匀，大孔发育，具有垂直节理，有些地区还有黄土溶洞，即黄土"喀斯特"。颗粒组成以粉粒为主，粉粒和黏粒含量较早期黄土少。颜色以灰黄、褐黄为主。包含物有星点状钙质与小钙质结核，有时有粗粒物；局部地区有古土壤。常具有湿陷性。

（4）全新世黄土：简称 Q_4 黄土，又称黄土状土。形成于距今 5000 年内。厚度一般为 3~8m，最厚可达 15~20m，一般都具有湿陷性。其粉粒含量较高，常堆积在洪积扇、河流低级阶地和高级阶地的顶部，有时底部有 0.7~1.3m 的黑垆土。颜色为棕褐色、黄褐色或褐黄色。土质不均，具有大孔，有时呈块状结构，岩性比马兰黄土稍差。包含物有植物根，少量钙质结核，有时有人类活动遗物。

Q_4 黄土分两个亚层，即：全新世早期堆积黄土，简称 Q_4^1 黄土，形成距今 500 至 5000 年内，其承载力和湿陷性与马兰黄土相近；全新世近期黄土，即新近堆积土，简称 Q_4^2 黄土，形成于距今约 500 年内，由于形成时间短，土性较特殊，对工程甚为不利。

新近堆积黄土的成因多属坡积，系由边坡滑塌物构成，也有坡积——洪积或洪积而成的。厚度一般不超过6m，常堆积在黄土塬、梁、峁的坡脚和斜坡后缘，冲沟两侧及沟口处的洪积扇和山前坡积地带，河弯内侧，河漫滩及低阶地，山间凹地表部，平原上被淹没的池沼洼地。颜色呈灰黄、黄褐、棕褐，且常相杂或相间。土质不均，结构松散，大孔排列杂乱，孔壁有钙质粉末，多虫洞、根洞。常含有杂物，如有机质、人类活动遗物等。压缩性高，强度低，且常具湿陷性，故工程性能差。

应当指出，典型黄土地层，自下而上是按 $Q_1 \sim Q_4$ 顺序依次排列的。但是，不同地区的黄土地层，由于历史的演变，其间可能会缺少某些层次。

1.3.5 其他划分方法

以上阐述的黄土类型四种划分方法，属于基本划分方法，在工程中应用较广。在整个黄土领域内，黄土类型的划分方法很多，下面再介绍四种。

1. 按塑性指数 I_p 划分

这是把黄土视为普通细粒土的一种划分方法。国内不同工程部门的划分标准也不尽相同。

（1）工业与民用建筑工程中的划分

①旧的划分方法分为三种：①$3<I_p \leq 10$，为轻亚黏土；②$10<I_p \leq 17$，为亚黏土；③$I_p>17$，为黏土。

②新的划分方法也分三种：①$I_p \leq 10$，且>0.074mm 的颗粒含量≤50%，为粉土；②$10<I_p \leq 17$，为粉质黏土；③$I_p>17$，为黏土。

（2）水利工程中的划分

①旧的划分方法分为三种：①$1<I_p \leq 7$，为砂壤土；②$7<I_p \leq 17$，为亚黏土；③$I_p>17$，为黏土。

②《土的工程分类标准》（GB/T 50145）中解释：土按不同粒细的相对含量可划分为巨粒类土、粗粒类土、细粒类土。

（3）铁路工程中的划分

铁路工程中的划分分三种：①$1<I_p \leq 7$，为黄土质黏砂土；②$7<I_p \leq 17$，为黄土质砂黏土；③$I_p>17$，为黄土质黏土。

2. 按粉粒含量划分

这是苏联学者提出的一种划分方法。按粉粒含量，把黄土分为三种。

（1）重粉质黄土：粉粒含量>70%。

（2）中粉质黄土：粉粒含量 50%~70%。

（3）轻粉质黄土：粉粒含量<50%。

3. 按黏土矿物的含量划分

这也是苏联学者提出的一种划分方法。按黄土中黏土矿物的含量不同，把黄土分为三种。

（1）蒙脱石黄土：以蒙脱石含量为主。

（2）蒙脱石-高岭石黄土：以蒙脱石、高岭石含量为主。

（3）蒙脱石-水云母黄土：以蒙脱石、水云母含量为主。

4. 按湿陷性变形的性质划分

这是安德鲁欣提出的划分方法，按黄土浸水后湿陷变形发生的性质，把黄土分为四类。

Ⅰ类黄土：浸水后立即产生湿陷变形的黄土。
Ⅱ类黄土：连续浸水后较长时间才产生湿陷变形的黄土。
Ⅲ类黄土：湿陷表现为长时段上产生少量压密的黄土。
Ⅳ类黄土：湿陷表现为溶蚀作用的黄土。

总之，黄土的分类方法很多，有的还将在以后的章节里述及。

1.4 黄土的压缩性

黄土的压缩性系指黄土在外荷载作用下发生压缩变形的性质。而且，在压缩中忽略了土粒和土中水的压缩，认为压缩变形是由于土中孔隙体积的减小所致。

1.4.1 黄土压缩性评价

黄土压缩性的评价方法与普通土相同，是经过压缩曲线和压缩性指标来评价的。

1. 压缩曲线

压缩曲线是压力与压缩变形的关系曲线，它是依据室内侧线压缩试验来绘制的。

土的孔隙比与压力的关系可由侧限压缩试验测定，在压缩过程中不容许土有侧胀现象发生，压缩及排水只能发生在竖直一个方向，不可能产生侧向变形。

2. 压缩试验

（1）仪器：侧限压缩仪（固结仪），压缩容器，杠杆加压设备，构架。

（2）原理：用环刀取土样，放在三联固结仪上加压（分级加压），直至变形稳定，用百分表测变形。

3. 压缩性评价

（1）孔隙比变化（图1-5）

由

$$\frac{H_0}{H_0-s_i} = \frac{e_0 V_s + V_s}{e_i V_s + V_s} \tag{1-18}$$

得：

$$e_i = e_0 - \frac{s_i}{H_0}(1+e_0) \tag{1-19}$$

式中 s_i——外荷载在 p_i 作用下土样压缩至稳定时的变形量。

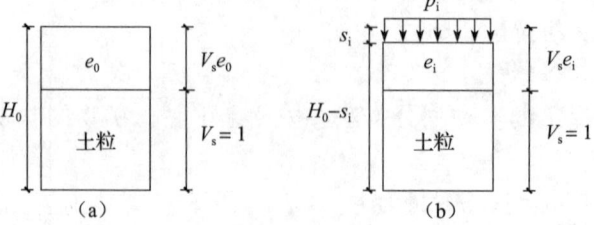

图1-5 压缩前后孔隙比的变化
（a）压缩前；（b）压缩后

（2）压缩曲线和压缩性指标（compression curve）

我们研究了在压缩过程中孔隙比的变化，只要测出土样在各级压力 p_i 作用下的稳定压缩量 s_i 后，即可根据公式算出相应的孔隙比 e_i，从而就可绘出压力和孔隙比关系曲线，即压缩曲线。

①$e\text{-}p$ 曲线

当压力范围变化不大时，$e\text{-}p$ 曲线如图 1-6 所示。

从图 1-6 压缩曲线可以看出，孔隙比 e 随压力 p 增大而减小，当压力范围变化不大时（100~200kPa），曲线段可近似地以直线 M_1M_2 表示，直线 M_1M_2 的坡度：

$$a \approx \tan\beta = \frac{e_1 - e_2}{p_2 - p_1} \tag{1-20}$$

$$a = 1000 \times \frac{e_1 - e_2}{p_2 - p_1} \tag{1-21}$$

式中　a——压缩系数（coefficient of compressibility），表示单位压力下孔隙比的变化（MPa^{-1}）；

　　　　a 不是常数，随压力数值 p_1、p_2 的改变而改变，显然，压缩系数越大，土的压缩性就越大。

　　　　p_1——地基某深度处土中竖向自重应力（kPa）；

　　　　p_2——地基某深度处自重应力与附加应力之和（kPa）；

　　　　e_1——相应于 p_1 作用下压缩稳定后土的孔隙比；

　　　　e_2——相应于 p_2 作用下压缩稳定后土的孔隙比。

在评价地基压缩性时，一般取 $p_1 = 100\text{kPa}$，$p_2 = 200\text{kPa}$，并将相应的压缩系数记作 a_{1-2}，按 a_{1-2} 的大小将地基土的压缩性分为三类：

$$\begin{cases} a_{1-2} < 0.1\text{MPa}^{-1} & \text{（低压缩性土）} \\ \text{MPa}^{-1}0.1 \leqslant a_{1-2} < 0.5\text{MPa}^{-1} & \text{（中压缩性土）} \\ a_{1-2} \geqslant 0.5\text{MPa}^{-1} & \text{（高压缩性土）} \end{cases}$$

②$e\text{-}\log p$ 曲线

压缩曲线的横坐标 p 改用对数坐标 $\log p$，如图 1-7 所示。

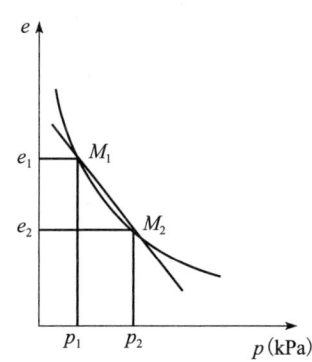

图 1-6　$e\text{-}p$ 曲线

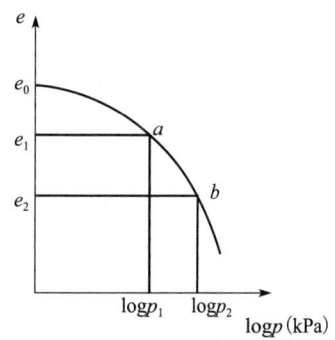

图 1-7　$e\text{-}\log p$ 曲线

初始段 e_0a 坡度平缓，压力接近 p_c 时，曲线接近斜直线，p_c 称为先期固结压力。

（3）压缩指数（compression index，无量纲）

在 e-$\log p$ 曲线中，ab 直线的坡度：

$$C_c = \tan\beta = \frac{e_1 - e_2}{\log p_2 - \log p_1} \tag{1-22}$$

式中　C_c——压缩指数；在相当大的压力范围内（可>1600kPa）为一个常数，与压缩系数 a 是压缩性指标的两种不同的表示形式，无单位。$C_c<0.2$，低压缩性；$0.2<C_c<0.4$，中压缩性；$C_c>0.4$，高压缩性；

压缩指数与压缩系数的关系：

$$a = \frac{C_c}{\Delta p}\log\frac{p_1 + \Delta p}{p_1} = \frac{0.435}{p}C_c \tag{1-23}$$

（4）压缩模量 E_s（modulus of compressibility）

在压缩仪内完全侧限条件下，土的应力变化量（Δp），即竖向压缩应力 σ_z 与其压缩应变的变化量 ε_z 的比值。

$$E_s = \frac{\Delta p}{\Delta \varepsilon} = \frac{\sigma_z}{\varepsilon_z} \tag{1-24}$$

$$E_s = \frac{1 + e_1}{a}$$

式中　σ_z——竖向附加应力（应力增量）；

　　　ε_z——与 σ_z 对应的应变（应变增量）；

　　　e_1——相应于 p_1 作用下压缩稳定后土的孔隙比。

$E_s<4$MPa，高压缩性土；4MPa$<E_s<15$MPa，中压缩性土；$E_s>15$MPa，低压缩性土。

1.4.2　天然黄土的压缩性

天然状态的黄土，一般属中压缩性或高压缩性黄土。根据建筑部门的分析资料，我国湿陷性黄土的压缩系数 a_{1-2} 一般为 $0.1\sim 1$MPa^{-1}；压缩模量 E_s 为 $2\sim 20$MPa；变形模量与压缩模量的试验比值一般为 $2\sim 5$。

此外，一般情况下，湿陷性黄土的压缩性比非湿陷性黄土的压缩性高。这说明，湿陷性黄土与非湿陷性黄土相比，变形较为敏感，当荷载较小时尤其如此。新近堆积黄土的压缩性，一般比普通湿陷性黄土的压缩性高。

1.4.3　浸水对湿陷性黄土压缩性的影响

1. 浸水过程中

在浸水过程中，由于浸水破坏了湿陷性黄土的天然结构，使土粒易于挤入孔隙中，便会提高土的压缩性。或者说，由于浸水造成了下沉变形（即湿陷变形），从而提高了土的压缩性。因此，就总体而言，饱和状态的湿陷性黄土，与天然状态的同类湿陷性黄土相比，其压缩性要高。

图 1-8 是同一种湿陷性黄土在两种状态下所测得的压缩曲线，曲线 1 为天然状态下的压缩曲线，曲线 2 为饱和状态下的压缩曲线，p_1、p_2 为两条曲线的两个交点对应的压力。从图中可以看出，在 $o\sim p_1$ 的压力范围内，由于浸水的影响，使土的孔隙比增大了，说明土产生了湿胀；在 $p_1\sim p_2$ 的压力范围内，由于浸水的影响，使土的孔隙比减小了，说明试样产生了湿陷；当压力超过 p_2 时，两条曲线便合二为一了，说明浸水再不会对压缩性带来什么影响。浸水使湿陷黄土的压缩性提高，因此，对湿陷性黄土地基来说，浸水十分危险。

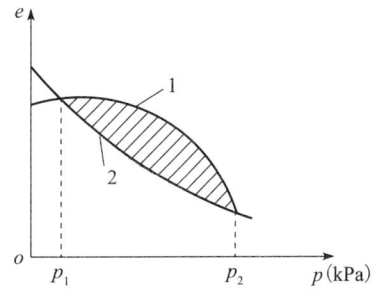

图 1-8 不同状态下湿陷性黄土

2. 浸水停止后

由于在浸水过程中，湿陷性黄土产生了相当的湿陷变形，改变了黄土的密实状态，故浸水停止后的黄土其压缩性会降低。

表 1-7 为青海兰冲水库湿陷性黄土浸水前后的压缩系数。从表中可以看出，由于预湿浸水的结果，使湿陷性黄土的压缩系数降低了 29.4%～69.1%，平均降低了 51.5%。因此，对湿陷性黄土地基来说，在建造建筑物前，对其进行预湿处理，可以大大降低其建筑物建造前后的最终沉降量。

表 1-7 青海兰冲水库湿陷性黄土浸水前后的压缩系数

类别		取样深度（m）					
		6	8	11	12	13	14
天然状态	含水率（%）	12.4	12.6	13.6	13.2	14.3	15.7
	a_{1-2}（MPa^{-1}）	0.94	0.52	0.50	0.34	0.34	0.44
停水 16 个月后	含水率（%）	15.6	15.0	17.4	18.3	18.3	18.3
	a_{1-2}（MPa^{-1}）	0.29	0.22	0.17	0.23	0.24	0.20
a_{1-2} 的降低率（%）		69.1	57.7	66.0	32.3	29.4	54.5

1.5 黄土的抗剪强度

黄土的抗剪强度系指黄土抵抗剪切破坏的能力，数值上等于剪切破坏面上剪应力的大小。

1.5.1 黄土的抗剪强度规律

1. 抗剪强度的库仑定律

由黄土剪切试验可知，黄土的抗剪强度符合库仑（Coulomb，1976）定律，即

$$\tau_f = \sigma \tan\varphi + c \tag{1-25}$$

式中 τ_f——土的抗剪强度（kPa）；

σ——作用在剪切面上的法向压应力（kPa）；

φ——土的内摩擦角（°）；

c——土的黏聚力（kPa）。

φ、c 共同称为土的抗剪强度指标。

上述规律，在 σ-τ_f 坐标图上，可以用直线来表示，如图1-9所示，该直线称为库仑抗剪强度线，直线的倾角 φ 为内摩擦角，当 $\sigma=0$ 时，在纵轴上的截距 c 即为黏聚力。

2. 抗剪强度的组成

由库仑定律可知，黄土的抗剪强度由内摩擦力和黏聚力两部分组成。

（1）内摩擦力：内摩擦力是指剪切破坏面两侧土体之间的摩擦力。

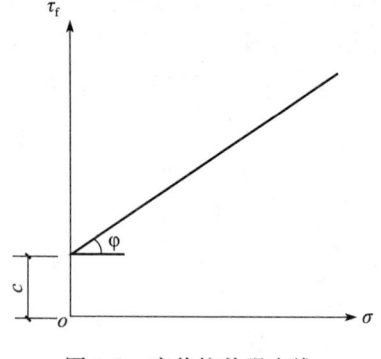

图1-9 库仑抗剪强度线

众所周知，两个物体相对滑动时，二者之间将产生动摩擦力，摩擦力的大小等于接触面上的法向压力乘以摩擦系数，摩擦系数则为摩擦角的正切（图1-10）。

即：
$$\tau_f = N\tan\varphi \tag{1-26}$$

式中　τ_f——摩擦力；

　　　N——法向压力；

　　　$\tan\varphi$——摩擦系数；

　　　φ——摩擦角。

同样道理，土体沿剪切面发生剪切破坏时，剪切破坏面两侧的土体便发生错动（滑动），于是，土体之间便产生了动摩擦力。由于该摩擦力出现在整个土体的内部，故称为内摩擦力，如图1-11所示。

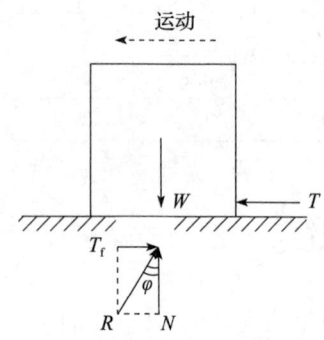

图1-10 物体的滑动摩擦

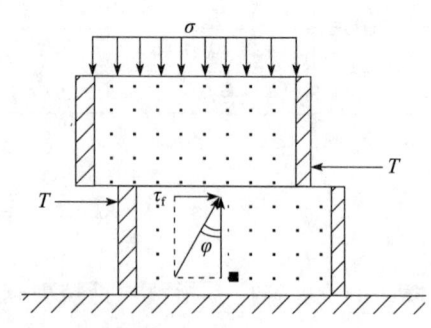

图1-11 剪切破坏时土体的内摩擦力

显然，单位剪切面积上内摩擦力的大小为：
$$\tau_{f1} = \sigma\tan\varphi \tag{1-27}$$

式中　τ_{f1}——单位剪切面上的内摩擦力，相当于库仑公式中的第一项；

　　　σ——剪切面上的法向压应力；

　　　$\tan\varphi$——内摩擦系数；

　　　φ——内摩擦角，即法向压应力与摩擦力的合力同法线的夹角。

从式（1-27）中可以看出，构成内摩擦力的基本因素就是剪切面上的法向应力和土的内摩擦角。法向应力与土所处的应力状态有关，内摩擦角则取决于剪切面的粗糙程度和骨架颗粒之间的咬合力，即与黄土的颗粒形态、排列方式和密实程度有关。

进一步分析可知，内摩擦力只是与剪切面上的有效法向应力有关，而有效应力又受加荷快慢和排水条件所左右，故剪切速度和排水条件也是影响内摩擦力的重要因素。

(2) 黏聚力

组成抗剪强度的第二部分内容是土的黏聚力 c。

黄土的黏聚力由原始黏聚力和固化黏聚力两部分组成。

原始黏聚力系由细小土颗粒间的电分子引力所产生，主要取决于土的颗粒组成、矿物成分和扩散层中的离子成分和数量。显然，黄土中黏粒含量越多，黏土矿物越多，土越密实，原始黏聚力就越大。土中毛细压力也是造成原始黏聚力所不容忽视的因素。

固化黏聚力系由化学胶结作用所形成，黄土中黏土矿物（蒙脱石、伊利石、高岭石等）和水溶盐（碳酸钙、石膏、氯化钠、硫酸镁等），以固体胶结薄膜的形式包裹在土粒表面，对土粒起着胶结作用，形成了土的固化黏聚力。固化黏聚力在黄土强度中的地位十分重要，固化黏聚力的大小，与土中黏粒含量、水溶盐含量、含水率、土的结构特征、密实程度以及土的形成年代有关。黄土的天然含水率越低，密实度越低，架空结构特点越明显，则固化黏聚力占整个黏聚力的比例也越大。一般来说，黄土的黏粒和水溶盐含量越大，形成年代越久，其固化黏聚力也越大。就黄土的类型而论，湿陷性黄土的黏聚力常以固化黏聚力为主，浸水后固化黏聚力被削弱，以至丧失后便会导致黄土湿陷的发生。由以上分析可知，就黄土本身而论，内摩擦角和黏聚力，是构成抗剪强度的基本因素，故把它们共同称为抗剪强度指标。黄土的抗剪强度指标，可以通过剪切试验测定，试验方法同普通土。

1.5.2 天然黄土的抗剪强度指标

如上所述，影响黄土抗剪强度的因素很多，概括起来有以下七点：①天然含水率；②天然密实度，即天然孔隙比或天然干密度；③土的物质成分，即颗粒组成、矿物成分、化学成分；④结构特征；⑤形成年代；⑥应力状态；⑦试验方法，即剪切速率和排水条件。

由于各地黄土的特征和性质不同，故其抗剪强度指标也略有不同。表 1-8 为我国部分地区新近堆积黄土的物理力学指标。

表 1-8　部分地区新近堆积黄土的物理力学指标

地区	含水率 W (%)	天然密度 ρ (g/cm³)	孔隙比 e	液限 w_L (%)	塑性指数 I_P	压缩系数 a_{1-2} (MPa⁻¹)	湿陷系数 δ_s	湿陷起始压力 p_{sh} (kPa)	黏聚力 c (kPa)	内摩擦角 φ (°)	比例界限 P_0 (kPa)
西宁南川	21.6	1.73	0.92	31.1	11.5	0.43			14	19.8	75~100
陇西	20.5	1.89	0.80	27.0	11.0	0.63	0.026				
武山	17.9	1.61	0.98	23.7	7.3	0.62			16		60~75
甘谷	20.8	1.54	1.13	24.9	—	1.32					70~90
天水市区	21.1	—	0.99	28.5		0.60					

续表

地区	含水率 W (%)	天然密度 ρ (g/cm³)	孔隙比 e	液限 w_L (%)	塑性指数 I_P	压缩系数 a_{1-2} (MPa⁻¹)	湿陷系数 δ_s	湿陷起始压力 p_{sh} (kPa)	黏聚力 c (kPa)	内摩擦角 φ (°)	比例界限 P_0 (kPa)
天水吴家寺	23.2	1.79	0.86	27.8	9.5	0.68	0.01~0.06				
天水社棠	20.0	1.50	1.16	28.6	11	1.10	0.009				
定西	15.1	1.37	1.30	28.6	—	0.80					
宁夏	19.8	1.50	1.14	29.8		0.82					
陕西富平	21.0	1.78	0.85	26.4	8.9	0.43	0.029				120~130
陕西高店	20.7	1.81	0.81		9.7	0.62	0.019		37	22.9	75~100
宝鸡南	19.1	1.74	0.84	29.5	12.7	0.74	0.030	67~100	29	28.0	50~110
宝鸡	20.0	1.62	1.01	29	11.5	0.68	0.076	75	13	13.0	85
陕西耀州	21.0	1.64	1.02	26.4	11.5	1.10	0.041	66	18	22.2	50~75
太原	28.8	1.85	0.91	39.4	16.3	0.49					
侯马	21.4	1.66	1.00	28.8	10.8	0.90	0.032	54	22	20.5	50~100
郑州	6.8~31	1.56~1.99	0.73~0.95	23.5~28.2	7.6~10.4	0.16~0.86	0.01~0.06			17.8~28.4	42~150
洛阳	18~24	1.73	0.75~0.95	25~32	8.0~12.0	0.30~0.80		75	10~33		
邯郸	25.5	—	0.903	30.8	11.6	1.035					105

1.5.3 浸水对湿陷性黄土抗剪强度的影响

天然状态下湿陷性黄土的抗剪强度较大。浸水对湿陷性黄土抗剪强度的影响，表现在两个方面。一方面是在浸水过程中，由于浸水破坏了土的天然结构，使抗剪强度大为降低。另一方面是在浸水停止以后，由于浸水改变了黄土的密实状态且含水率随时间的增长而降低，又能使抗剪强度有所恢复。

试验证明，在一定的法向压力下，湿陷性黄土的抗剪强度将随浸水含水率的增加而降低。图1-12为不同压力下的抗剪强度与含水率的关系，这是苏联学者明格恰乌尔对湿陷性黄土进行的浸水试验而得。从图中可以看出，在含水量6%~24%的区间内，对各种压力来说，抗剪强度都是随着浸水含水率的增加而迅速下降的；当浸水含水率达到24%时，再增加含水率，抗剪强度则变化不大。用于试

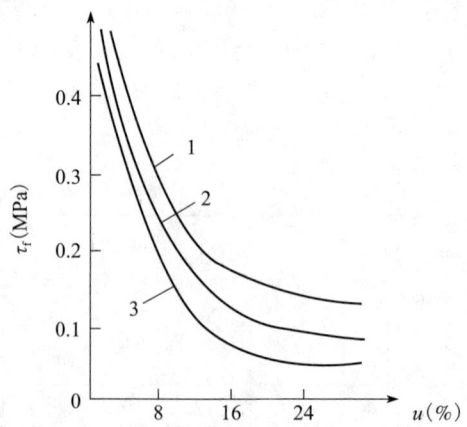

图1-12 不同压力下湿陷性黄土的抗剪强度与含水率的关系曲线
1. $\sigma=0.3$MPa 2. $\sigma=0.2$MPa 3. $\sigma=0.1$MPa
（据 А. А. Мустафаев, 1979）

验的湿陷性黄土，其塑限为 17.1%～19.2%，由图可见，在塑限之前，抗剪强度随含水率的增大而下降得最快。

在浸水过程中，湿陷性黄土抗剪强度的下降，也可以用抗剪强度指标的下降来描述。据苏联的试验资料，天然含水率为 3%～7% 的湿陷性黄土，内摩擦角为 33°～44°，黏聚力达 250～300kPa，当浸水达到饱和时，内摩擦角将下降 33%，黏聚力将下降 90%。由于黏聚力的下降程度与黄土的湿陷性有关，故可据此来判断黄土的湿陷性。

穆斯塔伐耶夫（A. A. Мустафаев，1967 年）还提出了湿陷性黄土的强度指标随浸水含水率而改变的关系式：

$$c_W = c_0 - \frac{c_0 - c_\Pi}{W_\Pi - W_0}(W - W_0) \tag{1-28}$$

$$\tan\varphi_W = \tan\varphi_0 - \frac{g\varphi_0 - g\varphi_\Pi}{W_\Pi - W_0}(W - W_0) \tag{1-29}$$

式中 c_W、φ_W——与浸水含水率 W 相对应的抗剪强度指标（黏聚力、内摩擦角）；

c_0、φ_0——与天然含水率 W_0 相对应的抗剪强度指标；

c_Π、φ_Π——与浸水饱和含水率 W_Π 相对应的抗剪强度指标。

上述公式是据试验而得的经验公式，它充分揭示了湿陷性黄土的抗剪强度指标随浸水含水量增加而降低的规律。

表 1-9 为青海省大通县兰冲水库湿陷性黄土在三种不同状态下的抗剪强度指标。从表中可以看出，天然状态下，该湿陷性黄土的黏聚力平均为 5.7kPa；浸水饱和时，黏聚力平均为 2.1kPa，平均值下降了 63%；而在停止浸水 16 个月后，黏聚力平均为 18.2kPa，与天然状态相比，增加了 219%。天然状态下，内摩擦角平均为 25°40′，浸水饱和时，内摩擦角平均为 23°33′，下降了 9%；而在停止浸水 16 个月后，内摩擦角平均为 26°22′，与天然状态相比，增加了 3%。

表 1-9 青海兰冲水库湿陷性黄土的抗剪强度指标

类别		取样深度（m）									
		2	5	7	8	9	10	11	12	13	14	平均
黏聚力（kPa）	天然状态	7	6	6	2	7	1	7	5	8	8	5.7
	浸水饱和	2	2	4	1	1	3	2	2	2	2	2.1
	停水后 16 个月	14	10	16	18	20	18	22	23	19	22	18.2
内摩擦角	天然状态	26°00′	26°00′	20°00′	30°00′	24°30′	26°30′	26°30′	27°30′	28°00′	24°20′	25°40′
	浸水饱和	21°30′	20°00′	24°30′	24°30′	25°30′	29°00′	22°00′	25°00′	24°30′	19°00′	23°33′
	停水后 16 个月	25°00′	30°00′	27°00′	26°30′	26°40′	26°00′	25°00′	25°30′	26°00′	26°00′	26°22′

综合分析上述资料，可以得出两点结论：

（1）湿陷性黄土在浸水过程中，由于天然结构遭受破坏，将会引起抗剪强度的降低，因此，对于湿陷性黄土地基来讲，在使用阶段，浸水是不利于其强度稳定的。

（2）湿陷性黄土在浸水停止后，过若干时间，由于土的湿陷压密和含水率的降低，使土的结构强度得以恢复，从而可以提高土的抗剪强度。因此，对于湿陷性黄土地基来讲，预浸水处理是有利于其强度稳定的。

1.5.4 压实黄土的抗剪强度

压实黄土的抗剪强度大小，取决于压实密度。一般说来，压实密度越大，抗剪强度也越大。对比试验表明，当压实黄土的干密度达到 1.6g/cm³ 时，内摩擦角可达 23°~26°，黏聚力达 26~35kPa；当干密度达到 1.7g/cm³ 时，内摩擦角可增大到 29°，黏聚力可增至 60kPa。表 1-10 为原状黄土和夯压后黄土强度指标的对比。从表中可以看出，夯压后黄土的内摩擦角比原状黄土略有提高，但黏聚力却要降低 30% 左右，这主要是由于其天然结构在扰动中遭到破坏所造成的。

表 1-10 原状黄土与夯压后黄土的强度指标

地区	土别	内摩擦角		黏聚力（kPa）	
		范围值	平均值	范围值	平均值
三门峡	原状	17°00′~38°40′	28°30′	3~105	41
	夯压后	18°20′~35°50′	30°30′	1~59	22
狄家台	原状	19°10′~39°00′	30°00′	5~120	42
	夯压后	25°30′~38°50′	32°10′	1~45	18

1.6 黄土的渗透性

土体被水流透过的性能，称为土的渗透性。黄土湿陷变形的产生是由于水分渗入造成的，因此，黄土的渗透性对湿陷变形的形成与发展具有重要意义。

1.6.1 达西渗透定律与渗透系数

1. 达西渗透定律

达西（Darcy. H，1856）渗透定律反映了水在土体中渗透的规律。

图 1-13 为黄土的渗透模型图。从图中可以看出，由于水头差（或称作用水头）的存在，土样中将会有渗流发生。渗流的渗透速度与水头差成正比，与渗径成反比。

令
$$i = \frac{\Delta h}{l} \quad (1\text{-}30)$$

式中 i——水头梯度，无量纲；

Δh——常水头差（cm）；

l——渗径，即渗流在土体中所流经的路程（cm）。

则有
$$V = ki \quad (1\text{-}31)$$

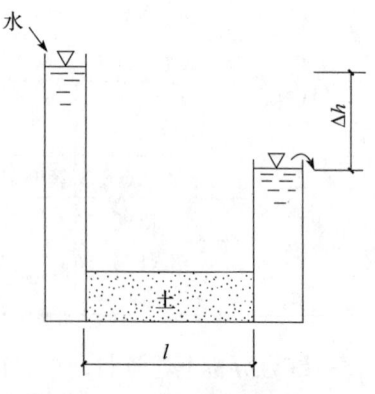

图 1-13 黄土的渗透模型图

式中 V——渗透速度，系水透过土体的速度，不是水在土体孔隙中的实际平均流速（cm/s 或 m/d）；

k——比例系数，称为渗透系数，其量纲与渗透速度相同（cm/s）。

式（1-30）即为达西渗透定律，它同样反映水在黄土中渗透的规律。赋予不同的水头梯度，可以得到不同的渗透速度，于是，可将水在黄土中的渗透规律，即达西渗透定律，表示成图1-14的形式。

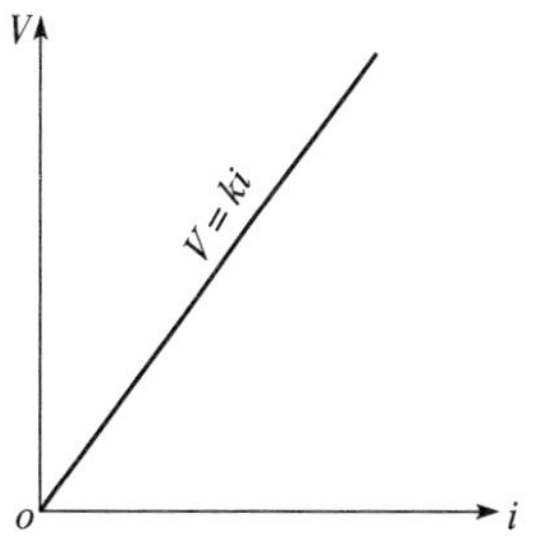

2. 渗透系数

达西渗透定律的比例系数即为渗透系数。显然

$$k = \frac{V}{i} \quad (1\text{-}32)$$

图 1-14 黄土的 V-i 曲线

由此可知，渗透系数的物理意义，就是单位水头梯度下的渗透速度。因此，渗透系数反映了土的渗透性的强弱。据渗透系数的大小，可以把土的渗透性划分为如下三类：

当 $k > 10^{-2}$ cm/s 时，为强渗透性；当 $k = 10^{-2} \sim 10^{-6}$ cm/s 时，为中等渗透性；当 $k < 10^{-6}$ cm/s 时，为弱渗透性。

黄土的渗透系数，可以通过渗透试验来测定，试验原理同普通土。

表1-11为我国部分地区黄土的渗透系数。从表中可以看出，室内测得的渗透系数为0.02~6.01m/d，或为 $2.3 \times 10^{-5} \sim 7.0 \times 10^{-3}$ cm/s，故黄土一般是属于中等渗透性的土。从表中还可以看出，室内试验与野外试验测得结果相差甚大。分析原因，可能是由两方面因素造成的：一是天然黄土层中有各种构造大孔隙存在，室内试验取样不可能把较大的孔隙（如土洞等）包含在内；二是室内试验的原状土样在制备过程中可能会使某些较小的大孔堵塞。因此，使室内测得渗透系数常小于野外测得的渗透系数。

表 1-11 中国黄土的渗透系数（m/d）

地区	室内试验	野外试验
亚峰	0.12~0.11	0.6~0.8
长武	0.22~6.01	—
平凉	0.05~1.53	—
庆阳	0.02~0.37	—
环县	0.03~0.94	0.8~1.3
总体	0.02~6.01	0.6~1.3

1.6.2 竖向孔隙对湿陷性黄土渗透性的影响

在黄土中，特别是湿陷性黄土中，存在有竖向大孔隙和柱状裂隙，因此，黄土的竖向渗透性较水平向的渗透性更强，即竖向渗透系数 k_v 较大，水平向渗透系数 k_h 较小。

据阿别列夫的室内试验资料，湿陷性黄土的竖向和水平向渗透系数分别为：

$$k_v = 0.16 \times 10^{-5} \sim 0.3 \times 10^{-5} \text{cm/s}$$

$$k_h = 0.8 \times 10^{-6} \sim 0.1 \times 10^{-5} \text{cm/s}$$

二者的比值为 $\dfrac{k_v}{k_h} = 2 \sim 3$

表 1-12 为穆斯塔伐耶夫（А. А. Мустафаев）对 10m 厚湿陷性黄土层的野外试验结果。从表中可以看出，$k_v/k_h = 1.7 \sim 2.8$，平均为 2.4，这与阿别列夫的室内试验结果是基本一致的。

表 1-12 10m 厚湿陷性黄土层的野外试验渗透系数

观测时间（h）	距地面不同深度（cm）处的渗透系数值（cm/h）									
	$h=00$		$h=400$		$h=600$		$h=800$		$h=1000$	
	k_v	k_h	k_v	k_h	k_v	k_h	k_v	k_h	k_v	k_h
20	3.62	3.20	3.42	1.82	7.12	2.12	6.43	1.96	3.32	2.14
40	4.75	2.82	4.75	2.24	6.41	1.91	5.76	2.13	7.16	2.41
60	3.92	2.52	3.42	1.75	5.32	1.82	5.54	2.41	6.46	1.88
80	5.16	2.64	4.42	2.02	4.93	2.12	4.96	2.35	4.36	1.98
100	6.18	3.21	3.98	1.96	5.12	2.46	5.48	1.89	5.14	2.45
120	5.46	2.56	5.32	2.22	5.74	2.62	4.86	2.04	4.88	1.96
140	4.98	2.81	6.12	2.34	6.43	1.94	2.45	2.02	6.78	2.12
平均值	4.87	2.84	4.53	2.05	5.87	2.10	5.07	2.01	5.44	2.13
k_v/k_h	1.7		2.2		2.8		2.5		2.6	

由以上分析可知，由于湿陷性黄土中存在有竖向大孔隙和柱状裂隙，故其竖向渗透系数较大，一般为水平向渗透系数的 2~3 倍，或者更大。这一现象，对黄土的湿陷是十分不利的。因为湿陷性黄土地基的意外浸水，多是从地面开始，由于竖向渗透系数较大，就易于使水浸入地下，这样便会加剧湿陷变形的产生与发展。湿陷性黄土的综合渗透系数可以用下式计算：

$$k = \sqrt{k_v k_h} \tag{1-33}$$

式中　k——综合渗透系数；
　　　k_v——竖向渗透系数；
　　　k_h——水平向渗透系数。

1.6.3　浸水湿陷变形对黄土渗透性的影响

众所周知，湿陷的物理实质是湿陷与渗透两个过程相互作用的结果水的渗入促进着黄土湿陷变形的发生，同时，由于湿陷变形的存在改变了黄土的密实度，故又能"抑制"水的渗入。后者说明在野外对天然黄土浸水的情况下，黄土的渗透性是随湿陷变形的发生与发展而逐渐减弱的，黄土的湿陷性强弱不同，其湿陷变形对渗透性的影响程度也不同。

为了揭示湿陷变形对黄土渗透性的影响，穆斯塔伐耶夫曾用渗压仪对阿塞拜疆纳希切瓦尼城某工程的湿陷性黄土进行试验研究。图 1-15 为试验测得的渗透系数与绝对湿陷量的关系曲线，图中三条曲线代表了湿陷性不同的三种黄土的试验结果。从图中可以看出，湿陷性黄土的渗透系数是随绝对湿陷量的增加而急剧减小的。而且，在湿陷的初始阶段，其减小的程度最剧烈。

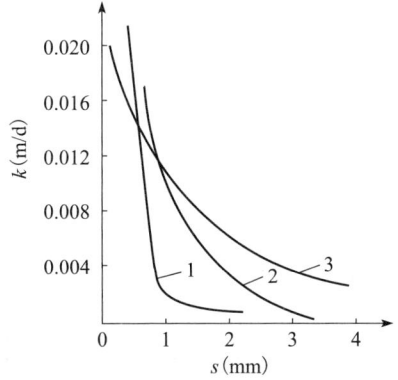

图 1-15 渗透系数与绝对湿陷量的关系
（据穆斯塔伐耶夫，1961）
1. $\delta_s = 0.306$　2. $\delta_s = 0.0851$　3. $\delta_s = 0.116$

上述情况表明，对于湿陷性黄土来说，在浸水湿陷的过程中，其渗透系数是一个变值，是随湿陷量的增加而减小的。

1.7 黄土的压实性

黄土经夯打或碾压而变密实的性质，称为黄土的压实性。黄土压实分填土压实和对天然土层进行原位压实，本节重点讨论前者。

用黄土筑造土堤、土坝、地基垫层等，都属于填土压实。其压实原理也适用于原位压实，如对湿陷性黄土地基的夯实或挤密处理等。

1.7.1 黄土的颗粒级配

前章已介绍了黄土的颗粒组成，这里着重从压实角度简要讨论一下反映黄土颗粒级配的不均匀系数。与普通土一样，黄土的不均匀系数用下式表述：

$$C_U = \frac{d_{60}}{d_{10}} \tag{1-34}$$

式中　C_U——不均匀系数；
　　　d_{60}——控制粒径，小于该粒径的土颗粒质量占总土质量的60%；
　　　d_{10}——有效粒径，小于该粒径的土颗粒质量占总土质量的10%。

$C_U<5$ 的土为级配不良的土，不易压实；$C_U>10$ 的土为级配良好的土，易于压实；$C_U=5\sim10$ 的土属于中等级配的土。表 1-13 为青海省各地黄土的不均匀系数。从表中可以看出，青海省黄土的不均匀系数为 4.2~84.9，各地平均值为 16.7~22.8；其中大值平均为 22.9~44.2，小值平均值为 10.9~19.1。全省总体平均值为 19.7，其中大值平均为 30.8，小值平均为 14.7。

表 1-13　青海省黄土的不均匀系数

地区	土样数量	不均匀系数			
		范围值	平均值	大值平均	小值平均
西宁、大通、湟中、互助、湟源	1103	7.3~71.8	19.8	31.4	15.2
民和、乐都	134	10.1~32.8	20.1	22.9	14.6
循化、化隆、黄南	141	10.9~47.2	21.2	33.7	17.0
海西	374	5.5~55.1	19.0	28.1	12.8
海南	241	4.2~47.7	16.7	25.1	10.9
海北	179	9.6~84.9	22.8	44.2	19.1
全省总体	2172	4.2~84.9	19.7	30.8	14.7

综合分析表中的数据，大致可以得出这样的结论：黄土的不均匀系数几乎都是大于5的，很少小于5，而且绝大部分又都是大于10的。另外从级配曲线来看，几乎都是粒径级配连续的，即很少有缺乏中间粒径的。因此，作为压实土料，黄土是属于级配良好的土。

1.7.2　黄土压实的最大干密度和最优含水率

在压实填土工中，希望在一定的压实功下，能获得最佳的压实效果，即获得最大的干密度。

经验表明，在一定压实功下，压实土的干密度，取决于土的含水率。含水率太小，土中水主要是强结合水，土粒周围结合水膜很薄，使粒间具有较大的分子引力，压实就比较困难；含水率太大，土中自由水较多，压实时不易排出，效果也不好。只有在适当的含水率下，土中水主要是强结合水和弱结合水，由于结合水膜较厚，使粒间黏结力减弱，才能取得最佳的压实效果，该含水率称为最优含水率。

最优含水率和最大干密度，是黄土压实性的两个重要指标，同时，也是黄土压实施工的重要依据。黄土的这两个指标，一般通过室内击实试验测定。无试验条件时，也可以用经验公式近似确定。

1. 室内击实试验

现行《土工试验方法标准》（GB/T 50123）将击实试验分为轻型和重型两种。轻型击实试验适用于粒径小于5mm的黏性土和粉土，重型击实试验适用于粒径不大于40mm的土。黄土应采用轻型击实试验，击实筒容积947.4cm^3，击锤质量2.5kg，落距30.5cm，分三层击实，每层25击。

以往常使用的击实筒容积为1000cm^3，击锤质量2.5kg，落距30cm。分三层击实，每层击数随工程部门不同而异。工业与民用建筑工程中，粉土采用20击，黏性土采用30击；水利工程中，一般采用25击，小型堤坝工程常用15击；铁路工程中，黏砂土采用25击，砂黏土采用30击，黏土采用40击。

黄土击实试验的直接目的，是测定规定击实次数下的最优含水率和最大干密度。为此，一般对用于击实试验的土样，可先参照其塑限，估计最优含水率，进而预定至少五个不同含水率，依次相差约 2%。其中，有两个大于最优含水率，两个小于最优含水率。然后，按预定含水率，制备至少五种不同含水率的试样，分别进行击实，并测得其含水率和干密度。最后，根据试验数据，在以含水率为横坐标、干密度 ρ_d 为纵坐标的坐标图上，绘制 ρ_d-W 关系曲线。该曲线称为击实曲线，击实曲线的峰值即为最大干密度 ρ_{dmax}，最大干密度所对应的含水率，即为最优含水率 W_{op}，如图 1-16 所示。

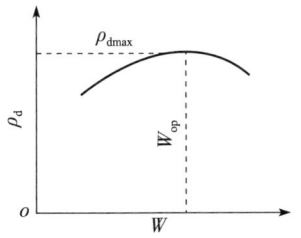

图 1-16 黄土的击实曲线

表 1-14 为我国部分地区黄土的最大干密度和最优含水率。从表中可以看见，所列地区黄土的最大干密度为 1.58~1.99 g/cm³，平均为 1.81g/cm³；最优含水率为 14.0%~24.1%，平均为 17.7%。表 1-15 为陕、甘、青三省黄土最大干密度的常见范围。从表中可以看出，其最大值为 1.9g/cm³，最小值为 1.5g/cm³，平均值为 1.7g/cm³，而常见范围值为 1.6~1.8g/cm³。

表 1-14 中国黄土击实最大干密度和最优含水率

地区	最大干密度（g/cm³）		最优含水率（%）	
	范围值	平均值	范围值	平均值
三门峡	1.58~1.99	1.77	14.0~24.0	17.1
铜川	1.65~1.99	1.88	16.2~24.1	20.4
平凉	1.71~1.78	1.74	14.5~16.5	15.4
狄家台	1.59~1.99	1.83	14.1~20.0	17.9
总体	1.58~1.99	1.81	14.0~24.1	17.7

表 1-15 中国黄土最大干密度的常见范围

地区	资料总数	最大干密度（g/cm³）			
		最大值	最小值	常见范围值	平均值
陕西	74	1.90	1.59	1.61~1.77	1.69
其中：西安	24	1.81	1.61	1.64~1.75	1.70
甘肃	160	1.90	1.50	1.63~1.79	1.71
其中：兰州	94	1.90	1.50	1.63~1.80	1.71
青海	21	1.81	1.52	1.60~1.77	1.69
总体	255	1.90	1.50	1.60~1.80	1.71

试验表明，黄土的最大干密度和最优含水率不仅与土类有关，而且与击实功（击次）有关。一般情况下，击实功大，黄土的最大干密度也大，而最优含水率则小，如图 1-17 所示。

因此，施工中的压实能量应与击实试验的击实功相匹配。其解决办法，一般是根据设计要求的压实质量指标和控制含水率，用选定的压实机械，进行现场压实试验，以确定分层压实的压实遍数。

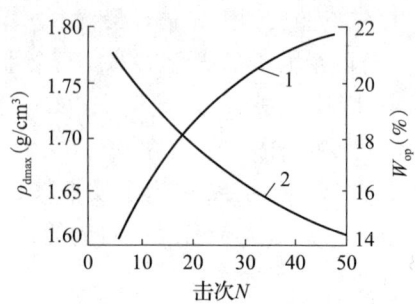

图 1-17 击实次数对黄土最大干密度和含水率的影响
1—最大干密度曲线；2—最优含水率曲线

2. 经验估算法

对于次要工程，当无试验条件时，可以用经验公式估算黄土的最优含水率和最大干密度。

$$W_{op} = W_p \pm 2 \tag{1-35}$$

$$\rho_{dmax} = \eta \frac{d_s}{1 + W_{op} d_s} \pm 2 \tag{1-36}$$

式中　W_{op}——最优含水率（%）；

　　　W_p——塑限（%）；

　　　ρ_{dmax}——最大干密度（g/cm³）；

　　　d_s——土粒相对密度，无量纲；

　　　η——经验系数，黏土取 0.95，粉质黏土取 0.96，粉土取 0.97。

式（1-35）中，对于塑性指数，$I_P<9$ 的土，宜取较小值；对于 $I_P>12$ 的土，宜取较大值；对于 $I_P = 9 \sim 12$ 的土，宜取中间值。

1.7.3　黄土的压实含水率和压实质量控制

1. 黄土的压实含水率

黄土的压实含水率，是指黄土压实施工中的控制含水率。对于给定的某种黄土，只有在最优含水率的条件下，才能取得最佳的压实效果。因此，压实施工中的控制含水率，应尽量接近于最优含水率。一般规定，控制含水率与最优含水率的差值，不能超过 2%，即

$$W_c = W_{op} \pm 2\% \tag{1-37}$$

式中　W_c——控制含水率（%）；

　　　W_{op}——最优含水率（%）。

2. 黄土的压实质量

衡量黄土的压实质量，主要看压实后的密实度，压实后越密实，则压实质量越好。黄土压实的目的，除了可提高强度、增强不透水性外，主要在于消除其湿陷性。因此，黄土压实质量的控制，常以能否消除湿陷性为标准。

在黄土压实中，用于控制压实质量的指标是压实系数或干密度。

以往曾采用干密度 1.6g/cm³ 作为黄土压实质量的控制标准。这是因为，当黄土的压实干密度达到 1.6g/cm³ 时，一般来说就可以消除其湿陷性了。

但是，对于最大干密度较小的黄土（参见表1-14、表1-15），要使压实干密度达到1.6g/cm³是困难的，特别是对于最大干密度小于1.6g/cm³的黄土，要压实到1.6g/cm³的干密度是根本不可能的。而对于最大干密度较大的黄土，如对于最大干密度为1.80g/cm³的黄土，虽易于压实到1.6g/cm³的干密度，但此时黄土所处的状态，显然与最密实状态相差甚远。因此，用干密度1.6g/cm³来控制黄土的压实质量是欠妥的。

于是，在黄土压实中，引入了压实系数的概念，其定义公式为

$$\lambda_c = \frac{\rho_d}{\rho_{dmax}} \tag{1-38}$$

式中　　λ_c——压实系数，无量纲；

　　　　ρ_d——压实干密度（g/cm³）；

　　　　ρ_{dmax}——最大干密度（g/cm³）。

试验表明，当压实系数$\lambda_c>0.93$时，可以完全消除黄土的湿陷性；当$\lambda_c>0.90$时，可以基本消除黄土的湿陷性。我国《湿陷性黄土地区建筑标准》（GB 50025）规定，对于厚度不大于3m的压实黄土层，其压实系数不得小于0.95；对于厚度大于3m的压实黄土层，其压实系数不宜小于0.97。

据选定压实系数和击实试验测得的最大干密度，可用式（1-38）求取干密度，用所求干密度作为压实质量的控制标准便比较合理了。

思考题

1. 什么是黏性土的界限含水率？什么是土的液限、塑限、缩限、塑性指数和液性指数？
2. 在某原状黄土试验中，环刀体积为50cm³，湿土样质量0.098kg，烘干后质量为0.078kg，土粒相对密度为2.70。试计算土的天然密度ρ、干密度ρ_d、饱和密度ρ_{sat}、有效密度ρ'、天然含水率W、孔隙比e、孔隙率n及饱和度S_r，并比较ρ、ρ_d、ρ_{sat}、ρ'的数值大小。
3. 黄土的颗粒形态如何划分？
4. 黄土的构造有什么特征？
5. 简述黄土的类型划分。
6. 如何评价黄土的压缩性？
7. 某黄土土样进行室内压缩试验，结果见下表，已知环刀高2cm，求各压力段的压缩系数和压缩模量。

P(kPa)	0	50	100	200	300
e	1.05	0.95	0.90	0.85	0.72

8. 影响黄土抗剪强度的因素有哪些？
9. 某黄土的$c=15$kPa，$\varphi=15°$，当作用在剪切面上的法向应力为零时，计算其抗剪强度。
10. 竖向孔隙是如何对湿陷性黄土的渗透性产生影响的？
11. 如何控制黄土的压实度？

第 2 章 黄土湿陷性评价

在一定压力下受水浸湿，土结构迅速破坏，并产生显著附加下沉的黄土，称为湿陷性黄土。湿陷性是黄土最主要的工程特性，黄土湿陷性工程评价对湿陷性黄土具有十分重要的意义。

2.1 黄土的湿陷条件及机理

黄土发生湿陷所具备的条件，称为湿陷条件。黄土湿陷形成的物理、化学规律，称为湿陷机理。二者相辅相成、密切相关。研究黄土的湿陷性，首先应了解黄土的湿陷条件与湿陷机理。

2.1.1 黄土的湿陷条件

黄土湿陷条件可概括为两类：内部条件和外部条件。黄土的物质组成（包括颗粒组成、矿物成分、化学成分）、结构特征和物理性质是造成其湿陷的内部条件；水和压力的作用则是造成其湿陷的外部条件。

1. 内部条件

黄土湿陷的内部条件包括：特殊物质组成、结构特征和物理性质。

（1）特殊的颗粒组成：黄土的颗粒组成以粉粒为主，一般超过 50%；粉粒中粗粉粒（粒径为 0.01~0.05mm）的相对含量一般在 80% 以上；黏粒含量不大，一般不超过 20%。较高的粉粒含量是决定黄土湿陷性的主要标志之一。粗粉粒活动性较大，能给黄土湿陷性带来一定影响；黏粒含量低，胶结作用弱，也能促使湿陷形成。

（2）水溶盐含量较大：湿陷性黄土的水溶盐含量一般在 10% 以上。起胶结作用的易溶盐，浸水后溶解，能使黄土产生湿陷；难溶盐则促进后期湿陷的形成。

（3）天然含水率较低：湿陷性黄土的天然含水率一般不超过 15%，这是干旱地区黄土的固有特征。干旱地区湿陷性黄土的天然含水率一般接近于最大分子吸水量，由于含水率较低，故能给水溶盐结晶的形成提供良好条件。

（4）天然孔隙比较大：湿陷性黄土天然孔隙比一般大于 0.85，且具有肉眼可见的各种大孔隙，天然孔隙比大，给黄土提供了浸水压密的可能性，使土粒有可能挤入孔隙中。各种大孔隙的存在，不仅能增大黄土的透水性，促进湿陷的迅速发展，而且，不稳定大孔隙的浸水破坏，也能给湿陷带来一定影响。

（5）特殊的结构特征：黄土具有以粗粉粒为主体骨架的多孔隙结构。土中的黏粒部分被胶结或附在砂粒及粗粉粒的表面，黄土中的粉粒和集粒共同构成了支撑结构的骨架；较大的砂粒则"浮"在结构体中，由于排列比较疏松，接触连接点较少，构成一定数量的架空孔隙，这种架空孔隙对土体稳定非常不利，是导致黄土湿陷的重要内部因素。

黄土中胶结物的含量和成分以及颗粒的组成和分布，对于黄土的结构特点和湿陷性的强弱有着重要的影响。胶结物含量大，黏粒含量多，黄土的结构致密，湿陷性降低，并使力学性质得到改善；反之，结构疏松，强度降低，湿陷性强。此外，黄土中的盐类，如以难溶的碳酸钙为主，湿陷性弱；若以易溶盐为主，湿陷性增强。

黄土湿陷性还与孔隙比、含水率以及所受压力的大小有关。天然孔隙比越大，或天然含水率越小，则湿陷性越强。在天然孔隙比和含水率不变的情况下，压力增大，黄土湿陷性增加，但当压力超过某一数值后，再增加压力，湿陷性反而减弱。

2. 外部条件

黄土湿陷的外部条件，主要是指黄土所处的应力状态和浸水湿度。

(1) 压力：黄土的浸水湿陷只有在一定压力下才能发生。湿陷性黄土浸水饱和，开始出现湿陷时的压力，称为湿陷起始压力。当黄土所受的压力小于湿陷起始压力时，即使其他湿陷条件全具备，湿陷也不能发生。因此对于自重湿陷性黄土，在天然应力状态浸水，其上部总有某一厚度的土层，不会发生湿陷变形，其主要原因是该层所受的压力没有达到湿陷起始压力。据试验资料分析，该土层的厚度一般为 4~5m。

(2) 浸水湿度：在一定时间内，必须有足够数量的弱矿化水浸入土中，使土体形成一个充分湿润的浸水区，湿陷才有可能发生。

在给定条件下，使黄土发生湿陷的最低含水率，称为湿陷起始含水率，或称为湿陷临界含水率。

湿陷性黄土的起始含水率，不仅与黄土的类型有关，而且与土中的应力状态有关。图 2-1 为起始含水率与压力的关系曲线。从图中可以看出，起始含水率是随黄土所受压力的增大而降低的。

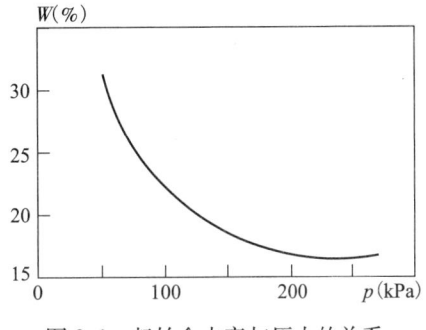

图 2-1 起始含水率与压力的关系

2.1.2 黄土湿陷机理

1892 年，安德列耶夫（Ю. Андреев）首次著文阐述黄土的湿陷现象，以后百余年来，广大学者竭力探求黄土的湿陷机理，建立了各种假说，如盐溶说、大孔说、胶体不足说、毛细说、水膜楔入说、欠压密说、结构破坏说等。

穆斯塔伐耶夫（А. А. Мустафаев）认为，无论是在天然应力状态下，还是在外荷载作用下，造成天然湿陷性黄土层湿陷的主要因素，是水分的渗入，而水分的渗入过程和黄土的湿陷过程，是由不稳定的连续含水量场和变形场来决定的。黄土湿陷的物理实质就是这两个不稳定场的相互作用和影响。在浸水过程中，由于水分的渗入，使湿陷成为可能，湿陷与含水率之间存在单值对应关系，浸水含量越大，湿陷变形也越大。反过来，正是由于湿陷变形的存在，使土体压密，土的渗透性降低，因此，湿陷对水分的渗入又具有"抑制"作用。其结果便会导致土层的浸水速度随时间的增长而降低，从而使湿陷过程也逐步达到稳定。

黄土湿陷的机理是极其复杂的，它受多种因素的制约和影响，用哪一种假说都无法完全解释清楚。

2.2 黄土的湿陷性评价指标

反映黄土湿陷性的有关参数，称为黄土的湿陷性评价指标。本节主要介绍国内常用的三个湿陷性评价指标，即湿陷系数、自重湿陷系数和湿陷起始压力。

2.2.1 湿陷系数

在室内侧限浸水压缩试验中，单位厚度的环刀试样，在一定压力下，下沉稳定后，试样浸水饱和所产生的附加下沉，称为湿陷系数 δ_s。

$$\delta_s = \frac{h_p - h'_p}{h_0} \tag{2-1}$$

$$\delta_s = \frac{e_p - e'_p}{1 + e_0} \tag{2-2}$$

式中　δ_s——湿陷系数，无量纲；
　　　h_0——试样的原始高度；
　　　h_p——天然状态试样在压力 p 作用下压缩稳定时的高度；
　　　h'_p——上述加压稳定后的试样，浸水湿陷稳定时的高度；
　　　e_0——试样的初始孔隙比；
　　　e_p——天然状态试样在压力 p 作用下压缩稳定时的孔隙比；
　　　e'_p——上述加压稳定后的试样，浸水湿陷稳定时的孔隙比。

湿陷系数反映了黄土对水的敏感程度和湿陷性的强弱。湿陷系数越大，黄土对水的敏感程度越强，即湿陷性越强；湿陷系数越小，黄土对水的敏感程度越弱，即湿陷性越弱。

现行《湿陷性黄土地区建筑标准》（GB 50025）规定：测定湿陷系数 δ_s 的试验压力，自基础底面（如基底标高不确定时，自地面下1.5m）算起；基底压力小于300kPa时，

(1) 基底下10m以内土层应用200kPa，10m以下至非湿陷性黄土层顶面，应用其上覆土的饱和自重压力（当大于300kPa压力时，仍应用300kPa）；

(2) 当基底压力大于300kPa时，宜用实际压力；基底压力不小于300kPa，宜用实际基底压力，当上覆土的饱和自重压力大于实际基底压力时，应用其上覆土的饱和自重应力；

(3) 对压缩性较高的新近堆积黄土，基底下5m以内的土层宜用100~150kPa压力，5~10m和10m以下至非湿陷性黄土层顶面，应分别用200kPa和上覆土的饱和自重压力。

用 δ_s 可以划分黄土的类别：当 $\delta_s<0.015$ 时，为非湿陷性黄土；当 $\delta_s \geq 0.015$ 时，为湿陷性黄土。

用 δ_s 也可以判定黄土湿陷的强弱：当 $0.015 \leq \delta_s \leq 0.03$ 时，为弱湿陷性黄土；当 $0.03 < \delta_s \leq 0.07$ 时，为中等湿陷性黄土；当 $\delta_s > 0.07$ 时，为强湿陷性黄土。

表2-1为我国部分地区低阶地湿陷性黄土区规定压力为200kPa的湿陷系数 δ_{s2}。从表中可以看出，我国黄土的湿陷性有自西北向东南逐渐减弱的趋势。

表 2-1 我国低阶地湿陷性黄土的湿陷系数

地点	δ_{s2}	地点	δ_{s2}
石嘴山	0.066	张家界	0.042
兰州	0.03~0.11	太原	0.03~0.07
陇西	0.020~0.200	长治	0.035
天水	0.061	石家庄	0.030
延安	0.057	洛阳	0.02~0.05
西安	0.03~0.08	济南	0.016

表 2-2 为国外部分地区湿陷性黄土区规定压力为 300kPa 的湿陷系数 δ_{s3}。从表中可以看出,各地湿陷性黄土的湿陷系数为 0.010~0.153,其中,以中亚细亚和乌克兰湿陷性黄土的湿陷性最强,其次是阿塞拜疆的湿陷性的黄土,西伯利亚湿陷性黄土的湿陷性最弱。

表 2-2 国外部分地区湿陷性黄土的湿陷系数

地区	δ_{s3}
乌克兰	0.027~0.150
中亚细亚	0.030~0.150
北高加索	0.010~0.153
罗斯托夫	0.016~0.130
西伯利亚	0.010~0.050
阿塞拜疆	0.022~0.148

2.2.2 自重湿陷系数

单位厚度的环刀试样,在上覆土的饱和压力下,下沉稳定后,试样浸水饱和所产生的附加下沉,称为自重湿陷系数,其表达式为

$$\delta_{zs} = \frac{h_z - h'_z}{h_0} \tag{2-3}$$

或

$$\delta_{zs} = \frac{e_z - e'_z}{1 + e_0} \tag{2-4}$$

式中 δ_{sz}——自重湿陷系数,无量纲;

h_z——保持天然湿度和结构的试样,加压至该试样上覆土的饱和自重压力时,下沉稳定后的高度;

h'_z——加压稳定后的试样,在浸水饱和条件下,附加下沉稳定后的高度;

e_z——饱和自重压力下,压缩稳定时的试样孔隙比;

e'_z——饱和自重压力下,湿陷稳定时的试样孔隙比;

e_0、h_0 意义同前。

饱和自重压力的计算,一般自天然地面算起,当挖方或填方的厚度和面积较大时,可自设计地面算起,至所取土样顶面为止,饱和度要求大于 85%。

饱和自重压力的计算公式为

$$\sigma_{cz} = \sum_{i=1}^{n} \gamma_{sat} h_i \qquad (2-5)$$

式中 σ_{cz}——饱和自重压力（kPa）；

n——计算厚度范围内的土层数（以天然土层为分层）；

h_i——第 i 层土的厚度（m）；

γ_{sat}——第 i 层土的饱和重度（kN/m³）。

用下式计算饱和密度

$$\rho_s = \rho_d \left(1 + \frac{S_r e}{d_s}\right) \qquad (2-6)$$

式中 ρ_s——土的饱和密度（g/cm³）；

ρ_d——土的干密度（g/cm³）；

S_r——土的饱和度，可取 $S_r = 85\%$；

e——土的孔隙比；

d_s——土粒相对密度。

用 δ_{zs} 可以判定湿陷性黄土的类型：当 $\delta_{zs} < 0.015$ 时，为非自重湿陷性黄土；当 $\delta_{zs} \geq 0.015$ 时，为自重湿陷性黄土。

2.2.3 湿陷起始压力

黄土的浸水湿陷只有在一定压力下才能发生，压力太小，即使是强湿陷性黄土，浸水时也不会发生湿陷变形。

湿陷性黄土浸水饱和，开始出现湿陷时的压力，称为湿陷起始压力，并记为 p_{sh}。

1. 湿陷起始压力的确定

湿陷起始压力可由室内浸水压缩试验或现场浸水荷载试验来确定。

（1）用室内测得的 p-δ_s 湿陷曲线确定：严格来讲，湿陷起始压力所对应的湿陷系数应该接近于零。《湿陷性黄土地区建筑标准》（GB 50025）规定，宜取 $\delta_s = 0.015$ 对应的压力为湿陷起始压力，如图 2-2 所示。

（2）用现场测得的 p-s_s 曲线确定：现场浸水荷载试验可以测得压力 p 与最终湿陷量 s_s 的关系曲线，根据 p-s_s 曲线也可以确定湿陷起始压力（图 2-3）。

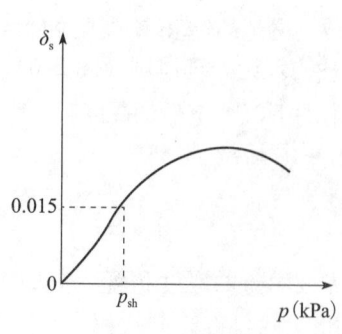

图 2-2 p-δ_s 曲线

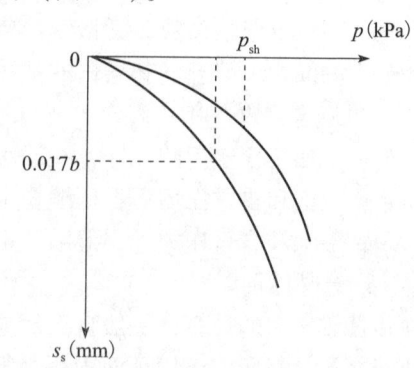

图 2-3 根据 p-s_s 曲线确定湿陷起始压力

现行《湿陷性黄土地区建筑标准》(GB 50025)规定,当 p-δ_s 曲线有明显的转折点时,取转折点所对应的压力为湿陷起始压力,当 p-s_s 曲线拐点不明显时,可取湿陷量 s_s 与承压板宽度 b 或直径 d 的比值等于 0.017 时所对应的压力(图 2-3)。

2. 湿陷起始压力的影响因素

(1)湿陷起始压力随天然孔隙比的增加而减小。天然孔隙比越大,说明土越欠压密,湿陷起始压力越小(图 2-4)。该图为西安地区 315 组室内试验资料的统计结果。

(2)湿陷起始压力随土中黏粒含量的增加而增加。黏粒含量越多,土的黏聚力越大,故湿陷起始压力越大(表 2-3)。

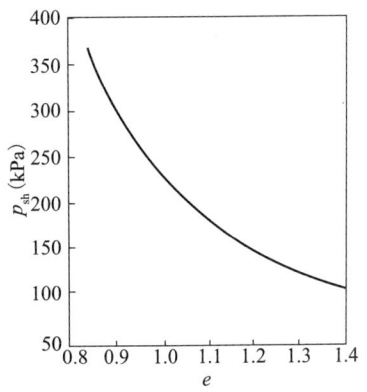

图 2-4　湿陷起始压力与孔隙比的关系
(据钱鸿缙等,1985)

表 2-3　湿陷起始压力与黏粒含量的关系

地点	黏粒含量一般值(%)	湿陷起始压力一般值(kPa)
兰州	8~15	25~50
西安	19~25	80~100
洛阳	19~26	100~120

(3)湿陷起始压力随天然含水率的增加而增加。天然含水率越大,黄土的湿陷性越弱,故湿陷起始压力越大(表 2-4)。

表 2-4　湿陷起始压力与天然含水率的关系

地点	天然含水率一般值(%)	湿陷起始压力一般值(kPa)
兰州	9.2~18	25~50
西安	15~22	80~100
洛阳	16~24	100~120

(4)湿陷起始压力随土层深度的增大而增大(图 2-5)。

3. 非自重湿陷性黄土地基理论处理厚度

根据非自重湿陷性黄土的定义,湿陷区范围内自重应力与附加应力之和大于湿陷起始压力,因此可以用湿陷起始压力确定非自重湿陷性黄土地基的理论处理厚度(图 2-6)。

$$\sigma_{cz} + \sigma_z \geqslant p_{sh} \tag{2-7}$$

式中　σ_{cz}——饱和自重应力;
　　　σ_z——附加应力;
　　　p_{sh}——湿陷起始压力。

湿陷区的上限为基底。

确定湿陷区下限,先绘制饱和自重应力沿深度的分布曲线,再绘制($\sigma_{cz}+\sigma_z$)和 p_{sh} 沿深度的分布曲线,这两条曲线的交点即为湿陷区的下限。将湿陷区的厚度(即上、下限间的垂直距离）记为 z_s，z_s 即为需要处理的土层厚度。

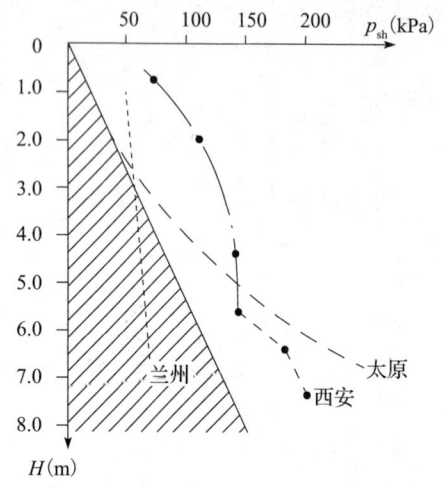

图 2-5 湿陷起始压力与土层深度的关系（据钱鸿缙等，1985）

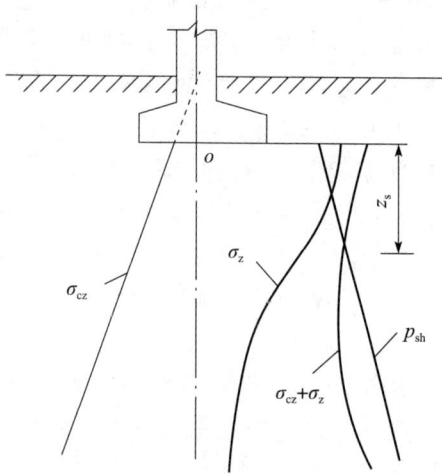

图 2-6 非自重湿陷性黄土地基的理论处理厚度

显然，对于非自重湿陷性黄土地基，当自重应力与附加应力之和小于湿陷起始压力时，地基中就不可能发生浸水湿陷变形。

4. 湿陷起始含水率

湿陷起始含水率是指处于外荷载或土自重压力作用下，湿陷性黄土受水浸湿时，开始出现湿陷现象时的最小含水率。实验室通常以土样在某一压力下的湿陷系数等于 0.015 时的含水率为湿陷起始含水率。它与土的性质和作用压力有关，对于同一种土，起始含水率并不是一个常数，一般随压力的增大而减小（图 2-1）。

起始含水率主要影响因素：

（1）土的黏性、结构强度以及受水浸湿时强度降低的程度；

（2）土在外荷载或自重作用下的应力状态，作用的压力越大，起始含水率就越小。

2.3 湿陷试验

湿陷试验是研究黄土湿陷性的重要手段。目前常用的湿陷试验有三种：室内浸水压缩试验、现场试坑浸水试验、现场浸水荷载试验。

2.3.1 室内浸水压缩试验

室内浸水压缩试验的目的是确定压力与湿陷变形之间的关系，测定湿陷特征指标，为黄土的湿陷性评价和湿陷变形计算提供依据。试验方法有两种：一是侧限浸水压缩试验，在普通侧限压缩（固结）仪上进行，工程中应用广泛；二是三轴浸水压缩试验，在三轴仪上进行，工程中应用尚不普遍。因此，这里着重介绍侧限浸水压缩试验的原理和方法。

按试验中需绘压缩曲线的数量，侧限浸水压缩试验的试验方法，分为单线法和双线法。国外也有采用联合法的。

(1) 单线法的试验原理：在同一取土点的同一深度，至少取 5 个环刀试样，然后在侧限压缩仪上对试样进行逐个试验。试验方法是，将放置在压缩仪上的试样，分级加荷至给定压力（各试样的给定压力不同），待压缩稳定后浸水，直至湿陷稳定。记录压力与变形。用式（2-1）计算相对湿陷量（即湿陷系数）δ_s。

这样，便可求得压力 p 与相对湿陷量 δ_s 相对应的一组数据。据此，便可在以压力为横坐标、相对湿陷量为纵坐标的直角坐标图上，绘制出压力与相对湿陷量之间的关系曲线，即 p-δ_s 湿陷曲线（图 2-7）。

因上述试验只绘制一条压缩曲线（指湿陷曲线），故称为单线法。

建筑物的天然湿陷性黄土地基在使用过程中遇到意外浸水的情况，与单线法的试验条件是相似的，这说明单线法在某种程度上能反映在建筑物使用过程中天然地基的工作条件，故可用于工作中的天然地基。

(2) 双线法的试验原理：在同一取土点的同一深度处，取 2 个环刀试样。一个试样在侧限压缩仪上进行普通压缩试验；另一个试样在侧限压缩仪上进行浸水压缩试验，先加第一级荷载，待压缩稳定后浸水，至湿陷稳定，然后再在浸水状态下分级加载。

根据第一个试样的试验结果，绘制 p-h_p 压缩曲线；根据第二个试样的试验结果，绘制 p-h'_p 压缩曲线（图 2-8）。

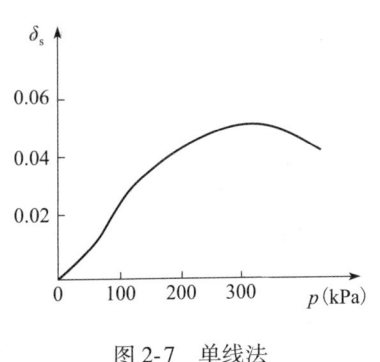

图 2-7 单线法

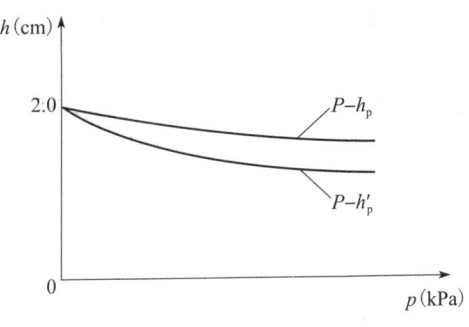

图 2-8 双线法的压缩曲线

因这种湿陷试验需绘制两条压缩曲线，故称为双线法。双线法的优点是试验所用试样较少；缺点是不能模拟工作过程中的地基，其试验条件与预湿地基相似，故可用于预湿地基中。

2.3.2 现场试坑浸水试验

现场试坑浸水试验的目的是测定现场天然自重湿陷性黄土层浸水湿陷变形，了解湿陷变形的规律，实测自重湿陷量为场地湿陷性评价提供依据。

试验原理很简单，就是在现场开挖试坑，并在地表和土层中预设测标，浸水后对测标进行定期观测，便可了解测区黄土的湿陷规律，测定黄土的自重湿陷量。大面积的试坑浸水，也是自重湿陷性黄土地基的处理方法之一。

当用试坑浸水试验测黄土的自重湿陷量时，其方法和要求如下：

试坑宜挖成圆形或方形，试坑直径或边长不应小于湿陷性黄土层的底面深度，且不应小于 10m。试坑深度宜为 50cm，最深不应大于 80cm。坑底应铺 10cm 厚的砂或石子（坑底铺砂石的目的是有利于水渗入）。试验期间坑内水深不宜小于30cm，宜为30~40cm。

实测自重湿陷量的大小，不仅取决于自重湿陷性黄土层的厚度及湿陷性强弱，而且与试坑几何尺寸和水深有关，如果试坑几何尺寸和水深太小，就不能保证水分浸透整个湿陷性黄土层，只能测得水分所及的那一部分土层的湿陷量。研究表明在确保水深的前提下，只有当试坑的平面尺寸大于湿陷性黄土层的厚度时，坑内渗水才能把整个湿陷性黄土层浸透，从而所测得的场地自重湿陷量才是真实可靠的。

2.3.3 现场浸水荷载试验

现场浸水荷载试验的目的是确定压力与地基湿陷变形的关系，并为求取湿陷起始压力提供依据。试验方法分单线法、双线法两种。其试验原理分述如下：

1. 单线法

在场地内相邻位置的同一标高处，至少做三个或三个以上不同压力下的浸水荷载试验。对于每个试验，待给定压力下压缩稳定后浸水，利用标点可以测得湿陷稳定时的最终湿陷量。观测方法同试坑浸水试验。各个试验可以同时进行，于是，便可以测得压力 p 与最终湿陷量 s_s 相对应的一组数据，据此，就可以在坐标图绘制出 p-s_s 湿陷曲线（图2-9）。

2. 双线法

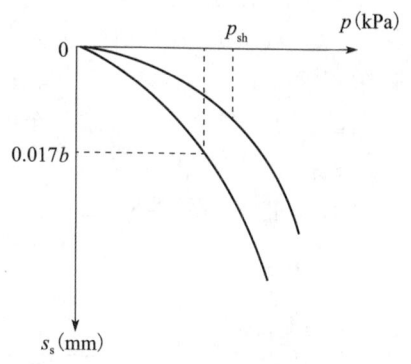

图2-9 p-s_s 湿陷曲线

在场地内相邻地段和相同标高做两个荷载试验。一个先做普通荷载试验（不浸水），根据试验结果，可以绘制 p-s_p 曲线，s_p 为压力 p 作用下的最终压缩量。另一个浸水荷载试验，试验方法与室内双线法中浸水试样的试验相似；先加第一级荷载，待压缩稳定后浸水，至湿陷稳定，再在饱水的条件下逐级加荷，并测取其稳定下沉量 s；根据试验结果，可以绘出 p-s 曲线；显然，$s=s_p+s_s$，s_s 为压力 p 作用的稳定湿陷量。据上述两条压缩曲线，不难绘制现场浸水荷载试验 p-s_s 曲线，不仅可用于测定湿陷起始压力，还可根据不同的要求，进行不同的观测，整理出反映湿陷规律的其他曲线，如湿陷与时间的关系曲线，包括侧向位移与时间的关系曲线等。

根据现行《湿陷性黄土地区建筑标准》（GB 50025），当用现场浸水荷载试验测湿陷起始压力时，应符合下列要求。

（1）承压板面积底面积宜为 $0.5m^2$，试坑边长（方形）或直径（圆形）应为承压板边长（方形）或直径（圆形）的3倍。安装荷载试验设备时，应保持试验图层的天然湿度和原状结构，压板底面下宜用10~15mm厚的粗、中砂找平。

（2）每级加荷增量不宜大于25kPa，试验终止压力不应小于200kPa。

（3）每级加荷后的下沉稳定标准，为连续2h内，每1h的下沉量小于0.10mm。

（4）每级加压后按间隔15min、15min、15min、15min 各测读一次下沉量，以后每隔30min观测一次。试验结束后，应根据试验记录，绘制判定湿陷起始压力的 p-s_s 曲线。

2.4 黄土湿陷性的工程评价

黄土湿陷性的工程评价（简称湿陷性评价）对工程建设具有重大实际意义。

湿陷性评价包括三方面内容，即黄土湿陷类型的判定、建筑场地湿陷类型的判定、建筑物地基湿陷等级的判定。

2.4.1 黄土湿陷类型的判定

按室内侧限浸水压缩试验测得的规定压力下的湿陷系数 δ_s 判定，δ_s 的计算见式（2-1）。

当 $\delta_s < 0.015$ 时，定为非湿陷性黄土；$\delta_s \geq 0.015$ 时，定为湿陷性黄土。其中，当 $0.015 \leq \delta_s \leq 0.03$ 时，为弱湿陷性黄土；当 $0.03 < \delta_s \leq 0.07$ 时，为中等湿陷性黄土；当 $\delta_s > 0.07$ 时，为强湿陷性黄土。

规定压力的取值为：①自基础底面（初步勘察时，自地面下 1.5m）算起，10m 以内的湿陷性黄土，取规定压力为 200kPa；10m 以下至非湿陷性土层顶面，取规定压力为上覆土的饱和自重压力（当大于 300kPa 时，取用 300kPa）；②当基地压力不小于 300kPa 时，宜用实际基底压力；当上覆土的饱和自重压力大于实际基底压力时，应用其上覆土的饱和自重压力；③对压缩性较高的新近堆积黄土，基底下 5m 以内的土层宜用 100~150kPa，5~10m 和 10m 以下至非湿陷性黄土层顶面，应分别用 200kPa 和上覆土的饱和自重压力。

2.4.2 建筑场地湿陷类型的判定

按实测自重湿陷量或计算自重湿陷量判定。

当自重湿陷量≤7cm 时，为非自重湿陷性黄土场地；当自重湿陷量>7cm 时，为自重湿陷性黄土场地。

实测自重湿陷量，用现场试坑浸水试验测定，试坑浸水试验的原理和方法见本章 2.3。在新建地区，甲、乙类建筑，宜采用试坑浸水试验。

计算自重湿陷量，按下式求算

$$\Delta_{zs} = \beta_0 \sum_{i=1}^{n} \delta_{zsi} h_i \tag{2-8}$$

式中 Δ_{zs}——计算自重湿陷量（mm）；

δ_{zsi}——i 层土在上覆土的饱和（$S_r > 85\%$）自重压力下的自重湿陷系数，据室内侧限浸水压缩试验，按式（2-3）求算；

h_i——i 层土的厚度（mm）；

n——湿陷性黄土层总厚度范围内的分土层数，但 $\delta_{zs} < 0.015$ 的土层不计；这里的总厚度指天然地面（挖、填厚度和面积较大时，取设计地面）至全部湿陷性黄土层底面的厚度；

β_0——因土质地区而异的修正系数。陇西地区可取 1.5，陇东—陕北—晋西地区可取 1.2，关中地区可取 0.9，其他地区可取 0.5。

2.4.3 地基湿陷等级的判定

地基的湿陷等级取决于下列因素：①地基的总湿陷量 Δ_s（mm）；②建筑场地的湿陷类型；③计算自重湿陷量 Δ_{zs}（mm）。

综合考虑上述三种因素，按照湿陷性危害的严重程度，将湿陷性黄土地基划分为四个等级，即Ⅰ（轻微）、Ⅱ（中等）、Ⅲ（严重）、Ⅳ（很严重）。划分标准见表2-5。

表 2-5 湿陷性黄土地基的湿陷等级

Δ_s(mm)	场地湿陷类型		
	非自重湿陷性场地	自重湿陷性场地	
	$\Delta_{zs} \leq 70$	$70 < \Delta_{zs} \leq 350$	$\Delta_{zs} > 350$
$50 < \Delta_s \leq 100$	Ⅰ（轻微）	Ⅰ（轻微）	Ⅱ（中等）
$100 < \Delta_s \leq 300$		Ⅱ（中等）	
$300 < \Delta_s \leq 700$	Ⅱ（中等）	Ⅱ（中等）或Ⅲ（严重）	Ⅲ（严重）
$\Delta_s > 700$	Ⅱ（中等）	Ⅲ（严重）	Ⅳ（很严重）

地基的总湿陷量，是指湿陷性黄土地基浸水饱和至湿陷稳定的计算湿陷量。总湿陷量的计算公式为

$$\Delta_s = \sum_{i=1}^{n} \alpha \beta \delta_{si} h_i \tag{2-9}$$

式中　Δ_s——地基的总湿陷量（mm）；

δ_{si}——i 层土的湿陷系数；

h_i——i 层土的厚度（mm）；

β——基底下 5m 深度内，取 $\beta = 1.5m$；基底下 5~10m，取 $\beta = 1$；基底下 10m 以下至非湿陷性黄土顶面，在自重湿陷性黄土场地，可取工程所在地的 β_0 值；修正系数见表 2-6；

α——不同深度地基土浸水概率系数，按地区经验取值；无地区经验时可按《湿陷性黄土地区建筑标准》（GB 50025）中表 4.4.4-2 取值；对地下水有可能上升至湿陷性土层内，或侧向浸水影响不可避免的区段，取 $\alpha = 1.0$；

n——计算厚度内湿陷性黄土的分土层数。

表 2-6 修正系数 β

位置及深度		β
基底下 0~5m		1.5
基底下 5~10m	非自重湿陷性黄土场地	1.0
	自重湿陷性黄土场地	所在地区的 β_0 值不小于 1.0
基底下 10m 以下至非湿陷性黄土层顶面或控制性勘探孔深度	非自重湿陷性黄土场地	Ⅰ区、Ⅱ区取 1.0，其余地区取工程所在地区的 β_0 值
	自重湿陷性黄土场地	取工程所在地区的 β_0 值

计算厚度，从基础底面（如基底标高不确定时，自地面下 1.5m）算起；在非自重湿陷

第2章 黄土湿陷性评价

性黄土场地，累计至基底下10m（或地基压缩层）深度止；在自重湿陷性黄土场地，累计至非湿陷性黄土层顶面止。其中，湿陷系数 δ_s（10m以下为 δ_{zs}）小于0.015的土层不累计。

[例题]

已知青海某黄土场地黄土层总厚度为16m，各土层厚度及湿陷系数见表2-7，其上拟建乙类建筑，基础埋深定为2m，试对其湿陷性作出工程评价。

表2-7 例题的有关土性指标

层序（上→下）	层厚（m）	湿陷系数 δ_{zs}	湿陷系数 δ_{s2}	层序（上→下）	层厚（m）	湿陷系数 δ_{zs}	湿陷系数 δ_{s2}
1	1.0	—	—	9	1.0	0.015	0.042
2	1.0	0.015	0.054	10	1.0	0.017	0.017
3	1.0	0.016	0.043	11	1.0	0.010	0.010
4	1.0	0.020	0.061	12	1.0	0.013	0.013
5	1.0	0.024	0.060	13	1.0	0.003	0.003
6	1.0	0.036	0.073	14	1.0	0.013	0.013
7	1.0	0.015	0.028	15	1.0	0.012	0.012
8	1.0	0.016	0.026	16	1.0	0.014	0.014

[解]

1. **各层黄土湿陷类型判定**

(1) 基底下10m范围内：δ_s 的规定压力为200kPa，故应据 δ_s 判定。且已知基础埋深 $d=2$m，故判定范围是3~12层土。

对于3~10层土，因为 δ_s 均大于0.015，故判定为湿陷性黄土。

对于11~12层土，因为 δ_s 均小于0.015，故判定为非湿陷性黄土。

(2) 基底下10m以下：δ_s 的规定压力为上覆土层的饱和自重应力（>300kPa时，取300kPa），故应据 δ_{zs} 判定。判定范围是13~16层土。

对于这四层土，因为 δ_{zs} 均小于0.015，故判定为非湿陷性黄土。

结论：第1、2层土不需判定，第3~10层土为湿陷性黄土；11~16层土，均为非湿陷性黄土。

2. **场地湿陷类型判定**

自重湿陷量按式（2-8）求算，即

$$\Delta_{zs} = \beta_0 \sum_{i=1}^{n} \delta_{zsi} h_i$$

β_0 取值：1层不发生自重湿陷，因场地处于青海地区，黄土层较厚，自重湿陷性较强，2~10层土 $\delta_{zs}>0.015$，为自重湿陷性黄土，取 $\beta_0=1.5$。

计算厚度：2~10层土，共9m，为自重湿陷性黄土。第11~16层，因为 $\delta_{zs}<0.015$，为非自重湿陷性黄土，可以不计，故只需计算2~10层即可。

于是，场地的自重湿陷量为

$\Delta_{zs} = 1.5 \times (0.015 + 0.016 + 0.020 + 0.024 + 0.036 + 0.015 + 0.016 + 0.015$

$+ 0.017) \times 1000 = 261(\text{mm})$

因为 $\Delta_{zs} > 70\text{mm}$，故判定该场地为自重湿陷性黄土场地。

3. **地基湿陷等级判定**

地基总湿陷量按式（2-9）求算，即

$$\Delta_s = \sum_{i=1}^{n} \alpha\beta\delta_{si}h_i$$

计算厚度：非自重湿陷性黄土计算至基底下 10m 深度止，$\delta_{si} < 0.015$ 的土层不累计。

β 取值：基底下 5m 范围内取 1.5；结合本题，即第 3~7 层土，取 $\beta = 1.5$；基底下 5m 以下，即 8~10 层土，$\beta = 1$；$\alpha = 1.0$。

δ_s 取值：基底下 10m 范围内取 δ_s。

于是，地基总湿陷量为：

$\Delta_s = 1.5 \times (0.043 + 0.061 + 0.060 + 0.073 + 0.028) \times 1000 + 1.0$
$\times (0.026 + 0.042 + 0.017) \times 1000 = 482.5(\text{mm})$

根据场地湿陷类型、自重湿陷量和地基总湿陷量，从表 2-5 中可以查得，该湿陷性黄土地基的湿陷等级为 Ⅱ 级（中等）。

思考题

1. 何谓湿陷条件？何谓湿陷机理？湿陷的物理实质是什么？
2. 何谓湿陷特征指标？常用湿陷特征指标有哪些？
3. 室内浸水压缩试验中双线法和单线法的适用条件如何？
4. 实测自重湿陷量时，为什么浸水坑的平面尺寸不应小于自重湿陷性黄土层的厚度？
5. 如何应用现行《湿陷性黄土地区建筑标准》（GB 50025）对黄土湿陷性进行工程评价？
6. 已知青海某场地黄土层总厚度为 16m，有关土性指标见表 2-8，基础埋深 2m。试判定该场地的湿陷类型及地基的湿陷等级。

表 2-8 场地有关土性指标

土层编号	土层厚度（m）	湿陷系数	
		δ_{zs}	δ_{s2}
1	2.0	—	0.085
2	2.0	—	0.070
3	2.0	0.017	0.083
4	2.0	0.048	0.087
5	2.0	0.076	0.083
6	2.0	0.090	0.089
7	2.0	0.091	0.090
8	2.0	0.087	0.085

第3章 黄土的变形计算

本章重点介绍黄土变形分类及普通压缩变形、湿陷变形的计算方法。

3.1 湿陷性黄土变形分析

湿陷性黄土的变形分三种：一是天然状态的黄土在给定压力下至压缩稳定产生的普通压缩变形；二是普通压缩变形稳定后浸水至湿陷稳定时所产生的湿陷变形；三是湿陷稳定后在长期渗流作用下而产生的渗透溶滤变形。显然，这里所说的三种变形均是最终变形。根据室内侧限浸水压缩试验的资料分析，对于天然干密度小于 1.5g/cm³ 的青海黄土，试样在 300kPa 压力下的普通压缩变形占总变形的 66%，湿陷变形占总变形量的 24%，渗透溶滤变形占总变形量的 10%。若不考虑渗透溶滤变形，那么，试样在 200kPa 下的普通压缩变形占总变形量（普通压缩变形与湿陷变形之和）的 60%，湿陷变形占总变形量的 40%。

对于非自重湿陷性黄土地基，由附加应力所产生的湿陷只发生在压缩层范围以内；对于自重湿陷性黄土地基，由浸水而产生的总湿陷量中包括由附加应力引起的湿陷和由土自重压力引起的自重湿陷，与非自重湿陷性黄土地基类似，附加应力引起的湿陷只发生在压缩层范围以内，在压缩层范围以下产生的则是自重湿陷，它与基础荷载大小无关，而只取决于土的性质、土层厚度、浸水面积、浸水延续时间和浸水量等因素。

对于厚度较大的自重湿陷性黄土，在压缩层以下土层中，普通压缩变形已可忽略不计，但浸水湿陷变形却依然存在，且所占比例还相当大。这样，就整个自重湿陷性黄土地基而言，湿陷变形的比例将会占有突出的位置。

表3-1 为某自重湿陷性黄土地基（条形基础宽 2m，埋深 1m，基底压力 200kPa，层厚 25m）的计算湿陷变形分析表。从表中数字计算可以看出，压缩层（8.2m 厚）范围内的湿陷量为 24.44cm，占总湿陷量的 24.5%；压缩层以下的湿陷量为 75.13cm，占总湿陷量的 75.5%。若将湿陷变形和压缩层范围内普通压缩变形所占的比例，套用青海黄土 200kPa 下的室内试验数据进行估算，不难算得，在该自重湿陷性黄土地基中，普通压缩变形占总变形量的 26%，湿陷变形占总变形量的 74%。由此可见，厚度较大的自重湿陷性黄土地基，与普通压缩变形相比，湿陷变形在总变形量中是占相当优势的。

表3-1 某自重湿陷性黄土地基的湿陷变形

层序（自基底起）	1	2	3
层厚（m）	5	3.2	16.8
湿陷量（cm）	15.7	8.74	75.13
湿陷应力种类	自重应力+附加应力	自重应力+附加应力	自重应力

在已建工业与民用建筑中,地基的湿陷常由意外浸水所产生,且带有突发性和局部性。因此,湿陷变形对建筑物的危害远较普通压缩变形大。

3.2 黄土普通压缩变形的计算

黄土压缩变形计算和变形允许值,宜符合现行《建筑地基基础设计规范》(GB 50007)的规定,但沉降计算经验系数 ψ_s 应按表3-2执行。

表3-2 ψ_s 值表

E_s(MPa)	3.30	5.00	7.50	10.00	12.50	15.00	17.50	20.0
ψ_s	1.80	1.22	0.82	0.62	0.50	0.40	0.35	0.30

现将常用计算方法简介如下:

《建筑地基基础设计规范》(GB 50007)中推荐的计算方法,是一种简化了的分层总和法,计算中以天然土层为计算分层。

其最终沉降量的计算式(图3-1)为:

$$s = \psi_s s' = \psi_s \sum_{i=1}^{n} \frac{p_0}{E_{si}}(z_i \bar{\alpha}_i - z_{i-1} \bar{\alpha}_{i-1}) \quad (3-1)$$

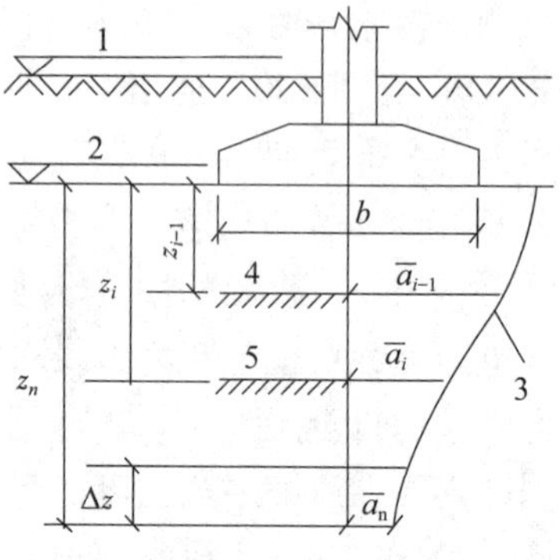

式中 s——地基最终沉降量,即地基最终变形量(mm);

s'——按分层总和法计算的变形量(mm);

ψ_s——沉降计算经验系数,根据地区沉降观测资料及经验确定;无地区经验时可根据变形计算深度范围内压缩模量的当量值($\bar{E}_s$),基底附加压力按表3-2;

图3-1 用规范法计算地基变形
1—天然地面标高;2—基底标高;
3—平均附加应力系数 $\bar{\alpha}$ 曲线;
4—$i-1$ 层;5—i 层

n——地基变形计算深度范围内所划分的土层数;

p_0——相应于作用的准永久组合时基础底面处的附加压力(kPa);

E_{si}——基础底面下第 i 层土的压缩模量(MPa),应取土的自重压力至土的自重压力与附加压力之和的压力段计算;

z_i、z_{i-1}——基底至第 i 层土、第 $i-1$ 层土底面的距离(m);

$\bar{\alpha}_i$、$\bar{\alpha}_{i-1}$——基础底面计算点至第 i 层土、第 $i-1$ 层土底面范围内的平均附加压力系数,由规范 GB 50007 表查取,无量纲;

求算 ψ_s 时,用下式计算压缩层内土的压缩模量当量值 $\bar{E}_s$:

$$\bar{E}_s = \frac{\sum A_i}{\sum \dfrac{A_i}{E_{si}}} \quad (3-2)$$

式中 A_i——i 层土附加应力系数沿土层厚度的积分值。

有相邻荷载影响时,压缩层厚度 z_n 应符合式(3-3)要求。当计算深度下部仍有较软土层时，应继续计算。

$$\Delta s'_n \leq 0.025 \sum_{i=1}^{n} \Delta s'_i \tag{3-3}$$

式中 $\Delta s'_i$ ——在计算范围内第 i 层土的计算变形值（mm）；

$\Delta s'_n$ ——在由于深度向上取厚度为 Δz 的土层计算变形值（mm），如图 3-1 并按表 3-3 确定。

表 3-3　Δz 值表

b (m)	≤2	2<b≤4	4<b≤8	b>8
Δz (m)	0.3	0.6	0.8	1.0

当无相邻荷载影响且计算点为基础中点时，可直接用式（3-4）求算压缩层厚度 z_n。计算深度范围内有基岩时，z_n 可取至基岩表面。

$$z_n = b(2.5 - 0.4 \ln b) \tag{3-4}$$

3.3　自重压力下湿陷变形的特征

对于自重湿陷性黄土地基湿陷变形特征的研究，主要是通过浸水试坑试验进行，其次可通过对自重湿陷性黄土场地受水浸湿后地表塌陷现象和建筑物破坏情况进行观察。

3.3.1　自重湿陷的产生与发生过程

当湿陷性黄土场地由于地表径流条件被破坏而在局部范围积水时，积水下渗使土体含水量逐渐增加而达到饱和，导致土的抗剪强度降低。如地表层的湿陷起始压力大于土的饱和自重压力，则该土层不会产生湿陷。当水渗入地表下某一深度处，该处黄土层的湿陷起始压力小于上覆土的饱和自重压力时，则土层将下沉，但是由于周围未浸湿土体仍具有较高的抗剪强度，它对中间浸水饱和土体的下沉起有约束作用。当浸水范围较小时，饱和土体的自重不足以克服周围未浸湿土体的摩擦力，则湿陷仍不会产生。如果浸水范围较大，饱和土体的自重足以克服未浸湿土体的摩擦力，则土体将由于自重作用而下沉。该土层下陷后，上下土层间形成空隙，使上部土层失去支托，也随即塌陷，这种湿陷现象简称为自重湿陷。一般积水，中间部位下沉最大，由里向外逐渐减小，类似碟形，成为碟形湿陷洼地。

对浸水试坑周围不同深度处土的含水量测定结果表明，浸湿范围自试坑边缘开始，一般成 10°~45°向四周扩散。浸湿区的大小取决于浸水时间、浸水数量和土的水平渗透系数数值。如果水量充足，湿陷性黄土层已被浸透，则湿陷区剖面一般呈梯形，在湿陷区以外，土仍然保持天然含水率。由于浸湿范围内土的塌陷，使得周围未浸湿区产生拉力和剪力，使土体折断，由于浸水范围外的地表形成一级一级的台阶，从中心处的最大湿陷部位向外逐渐过渡到天然地面，各个台阶之间出现近似于同心圆的环状裂缝。对于自重湿陷性黄土场地，一般在浸水 1~5d 后即开始产生自重湿陷，湿陷出现的时间与自重湿陷黄土层的埋藏深度有关。

3.3.2 自重湿陷量的大小与其深度的分布

自重湿陷量的大小与湿陷性黄土层的厚度和土层的自重湿陷性质有密切关系。一般湿陷性黄土层厚度大，则自重湿陷量大。

在关中地区（图3-2），自重湿陷性黄土层厚度多在10m以上，当湿陷性黄土层厚度小于8m时，则多为非自重湿陷性。以地区分布来看，强烈自重湿陷场地多出现在陇东、陇西地带，其实测自重湿陷量常超过50cm，自西北向东南，土的自重湿陷性逐渐减弱。

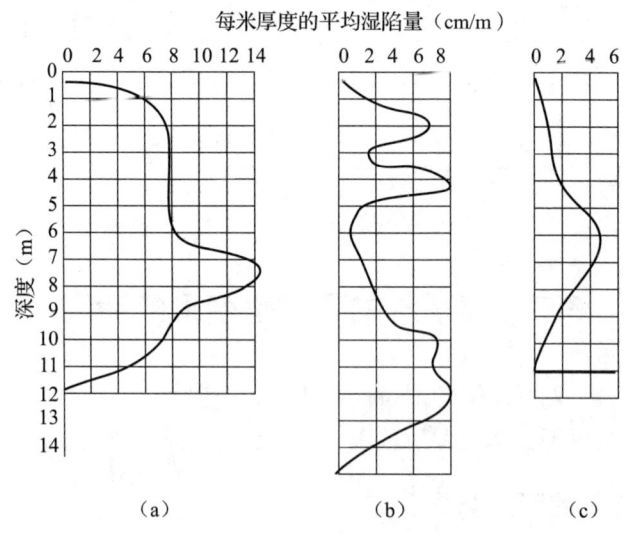

图3-2 自重湿陷量沿湿陷性黄土层深度的分布
（a）兰州东岗场地；（b）天水二十里铺场地；（c）高平张桥场地

3.3.3 浸水面积与自重湿陷量大小的关系

大面积试坑浸水由于浸湿土体范围大，浸湿土体的自重足以克服周围未浸湿土体对它的约束力，因而自重湿陷能得到充分发展。如果浸水面积较小，尽管试坑下全部湿陷性土体都被浸透，但由于周围未浸湿土体起了约束作用，因而湿陷量较小，甚至完全不产生。

试验表明，只有在浸水试坑边长超过湿陷性黄土层的厚度或不小于10m，自重湿陷才能较充分发展。当试坑边长超过湿陷性黄土层的厚度时，如继续加大试坑尺寸，则自重湿陷量没有明显增大，只能加快湿陷稳定，缩短浸水时间。

3.3.4 试坑浸水的湿陷影响范围

通过浸水试坑试验测得的水平方向的湿陷范围对合理确定管道、水池类构筑物与房屋之间的安全防护距离有很大关系。虽然地基浸水一般是沿40°~45°角度自四周向下扩散，但由于各个场地上土的原始结构强度和浸水后残余结构强度的差异，反映到地面上产生的湿陷变形范围是不同的。自重湿陷影响范围除与地理位置、湿陷性黄土层厚度有关外，还与浸水面积有较大关系。一般浸水面积越大，影响范围也越大。当浸水面积越小时，影响范围不超过湿陷性黄土层的厚度。对于大面积浸水的影响范围，兰州地区相当于湿陷性黄土层厚度的

1.2~2.0倍，而关中地区则为0.8~1.0倍。

3.3.5 影响自重湿陷的因素

影响黄土地基自重湿陷性强弱的主要因素有：

1. 地理位置

地理位置在一定程度上反映了黄土形成时的自然地理环境和气候条件，一般在干旱少雨地区形成的厚层湿陷性黄土，其自重湿陷性比较强烈。我国自西北向东南，湿陷性逐渐减弱。

2. 地质年代和成因

土的形成年代和成因对土的结构强度影响较大。形成年代晚，其结构强度较低，因而自重湿陷性质强烈。就一个小区范围来说，风积和冲积黄土的自重湿陷性较坡积和洪积的要弱；新近堆积黄土是全新世的产物，其成因大多为洪积、坡积，因此结构强度很低，它既具有高压缩性和强湿陷性，又常具有自重湿陷性，自重湿陷敏感性强。

3. 自重湿陷黄土层的埋藏深度

自重湿陷黄土层的埋藏深度是影响地基自重湿陷敏感性的一个重要因素。如果浅层土具有自重湿陷性，则不论浸水面积大小，只要水浸入，立即就会有自重湿陷现象反应。反之，当自重湿陷性黄土层埋层较深时，一般表现为不敏感。

4. 土的粒径级配

黄土颗粒的粗细与其透水性关系密切，粗颗粒含量较大的土，渗水快，而且粒间的胶结作用也较弱，因而自重湿陷就很敏感。

5. 湿陷性黄土层的厚度

地下水位埋藏较深，湿陷性黄土层厚度大的场地，一般都具有自重湿陷性，从已有资料看，8~10m厚度可作为一个分界线。当湿陷性黄土层厚度小于8m时，多为非自重湿陷；当湿陷性黄土层厚度大于10m时，多为自重湿陷；如湿陷性黄土层厚度超过15m，则自重湿陷性往往强烈。

除上述影响因素外，易溶盐和黏粒含量也对黄土的自重湿陷性有一定影响，随着易溶盐含量的增高和黏粒含量的降低，自重湿陷性将由弱到强。

3.4 总应力下的黄土湿陷变形

所谓总应力下的湿陷变形是指在自重应力和附加应力共同作用下由于受水浸湿在附加压力作用范围内产生的湿陷。这一范围称为总应力下湿陷影响深度。总应力下的湿陷变形特征可通过浸水荷载试验来研究，除测定某一压力下浸水后的稳定湿陷量以及湿陷量与时间的变化关系外，还可通过预先埋设在承压板下地基土内的深标点，测定分层湿陷量，来确定湿陷影响深度。

3.4.1 总应力下湿陷变形量与时间的关系

在湿陷性黄土地基上，当基底压力超过的黄土的湿陷起始压力后受水浸湿，即将产生总应力下湿陷变形。总应力下的湿陷变形产生和发展速率与自重湿陷截然不同,这是因为基底压力都大大高于基底土的自重压力,因而湿陷量大,而且湿陷发展快。试验表明,一般浸水1~3h即能产生大量下沉,每小时的下沉量最高可达1~3cm,湿陷稳定快,浸水后6h即可完成最终湿陷量的20%~25%,浸水24h完成30%~70%,浸水3d即可完成50%~90%。湿陷变形与时间的关系曲线基本可划分为两段。浸水第一阶段,即湿陷急剧发展阶段。由于水大量浸入,土的原始结构强度降低,侧压力系数增大,在外荷载作用下,使基底下土层不仅在竖向发生压密,而且伴随侧向挤出,承压板急剧下沉,这一阶段反映了湿陷变形的特点。一般情况下,基底压力越大,这段曲线越陡,随着基底土被压密,土粒之间逐步形成稳定结构,因而变形速率开始减缓,湿陷变形与时间的关系曲线出现明显的转折点,这一阶段可完成总湿陷量的80%~90%。自转折点以后,变形进入第二阶段,即湿陷稳定阶段,湿陷与时间关系曲线逐渐趋于一条直线,最后达到稳定,这一阶段湿陷量占总湿陷量的10%~20%。总湿陷量达到稳定所需要的时间与基础面积、基底压力和土的透水性有关。

3.4.2 总应力下湿陷变形的影响深度

试验表明,无论是自重湿陷性黄土地基还是非自重湿陷性黄土地基,无论湿陷黄土层有多厚,附加应力引起的湿陷只发生在基底以下有限深度范围内的湿陷性黄土层中。这一深度范围就是总应力下湿陷的影响深度,它的大小与地基的湿陷类型、湿陷起始压力、基底形状与尺寸、基底压力等有关。基础面积越大,单位面积压力越大,则影响深度越小。总应力湿陷的影响深度对非自重湿陷性黄土地基与自重湿陷性黄土地基是不同的,因为非自重湿陷性黄土的湿陷起始压力大于土的饱和自重压力,而且一般随着深度的增加而增大,但附加压力则随着深度的增加而减小,如图3-3所示。当某一深度处土的附加应力与自重应力之和小于湿陷起始压力时,湿陷就不会产生,在这一深度以上即为总应力作用下湿陷的影响范围。对于自重湿陷性黄土地基来说,湿陷起始压力一般小于土的饱和自重压力,因此,在自重湿陷性黄土层范围以内,湿陷起始压力一定不会超过土的饱和自重压力与附加压力之和,但随着深度增加,附加应力逐渐衰减,衰减到一定特定值就不再使土产生湿陷。通过现场试验,自重湿陷性黄土场地总应力下的湿陷影响深度要比非自重湿陷性黄土地基大。

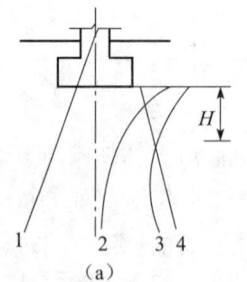 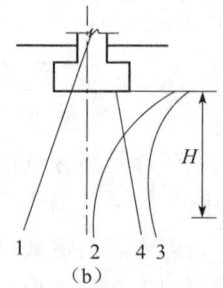

(a)　　　　　　　　　　(b)

图3-3　外荷湿陷的影响深度

(a) 非自重湿陷性黄土地基;(b) 自重湿陷性黄土地基

1—δ_{cz} 分布曲线;2—δ_z;3—$\delta_{cz}+\delta_z$ 分布曲线;4—p_{sh} 分布曲线

H—总应力湿陷的影响深度

3.5 黄土湿陷变形的计算

湿陷性黄土在一定压力下压缩稳定后，因浸水而产生的下沉变形，称为湿陷变形。按压力类型不同，湿陷变形计算分两类。一是天然应力状态下自重湿陷性黄土的湿陷变形计算，包括最终湿陷变形计算和浸水过程中的湿陷变形计算；二是湿陷性黄土地基的湿陷变形计算。

不管是对天然应力状态下的湿陷性黄土层（即黄土场地），还是对湿陷性黄土地基，工程中常用的湿陷变形计算是最终湿陷变形计算。所谓最终湿陷变形是指整个湿陷性黄土层被水浸透的情况下，达到湿陷稳定时产生的湿陷变形。

算例分析表明，对于厚度较大的自重湿陷性黄土，当用作建筑物的地基时，较大的湿陷变形不是发生在地基压缩层范围之内，而是发生在压缩层以下，且这一部分湿陷变形仅由自重应力所产生，故实质上就是自重湿陷变形。换句话说，对于厚度较大的自重湿陷性黄土地基，在整个湿陷变形中占据优势的，仍然是自重湿陷变形。因此，自重湿陷变形的计算精度，在整个湿陷变形计算中具有相当重要的意义。

$$\Delta_{zs} = \beta_0 \sum_{i=1}^{n} \delta_{zsi} h_i \tag{3-5}$$

关于地基的总湿陷量：

$$\Delta_s = \sum_{i=1}^{n} \beta \delta_{si} h_i \tag{3-6}$$

在计算式中增加了一个考虑地基土的侧向挤出和浸水概率等因素的修正系数 β，从而使计算结果更符合实际。

思考题

1. 黄土地基变形分为哪几类？如何计算？
2. 黄土普通压缩变形与普通土压缩变形计算有何不同？
3. 规范法计算黄土普通压缩变形时如何确定计算深度？
4. 计算自重湿陷量时，如何选取 β_0？
5. 计算总湿陷量时，如何选取 β？

第4章 黄土的承载力

黄土地基承载力的确定是黄土地区工程设计中最重要的问题之一，一般黄土承载力计算方法与普通土质地基的计算方法类同，其地基承载力特征值可由荷载试验或其他原位测试、公式计算，并结合工程实践经验等方法综合确定。对于湿陷性黄土地基承载力的确定，在《湿陷性黄土地区建筑标准》（GB 50025）中进行了规定。

4.1 湿陷性黄土地基承载力的确定原则

在现行《湿陷性黄土地区建筑标准》（GB 50025—2018）中规定了湿陷性黄土地基承载力的确定原则。

标准规定湿陷性黄土地基承载力的确定，应符合下列规定：

（1）地基承载力特征值，在地基稳定的条件下，应使建筑物的沉降量不超过允许值；

（2）甲类、乙类建筑的地基承载力特征值，宜根据静荷载试验或其他原位测试结果，结合土性指标及工程实践经验综合确定；

（3）当有充分依据时，对丙类、丁类建筑，可根据当地经验确定；

（4）对天然含水率小于塑限含水率的土，可按塑限含水率确定土的承载力。

4.2 黄土地基承载力的确定方法

4.2.1 按荷载试验确定黄土地基承载力特征值

荷载试验是确定地基承载力常用的一种现场测试方法，很多地基设计规范中均将荷载试验结果作为确定或校核地基承载力的依据。

荷载试验是通过荷载板给地基逐级加荷，每级加荷至地基沉降稳定后再施加下一级荷载，重复该过程直至所施加的荷载接近或达到极限荷载，该荷载即为地基的极限承载力。

通过荷载试验，可测得 p-s 曲线。p 为施加于地基上的荷载，s 为地基沉降量。

现行《建筑地基基础设计规范》（GB 50007）规定，采用 p-s 曲线上比例界限点对应的荷载为地基承载力特征值，当 p-s 曲线上比例界限点不明显时，可取沉降量与承压板宽度之比不大于 0.015 时所对应的压力为承载力特征值。

试验时，当出现下列情况之一时，即可终止加载：

（1）承压板周围的土明显地侧向挤出；

(2) 地基沉降量 s 急骤增大，荷载-沉降（p-s）曲线出现陡降段；

(3) 在某一级荷载下，24h 内沉降速率不能达到稳定标准；

(4) 沉降量与承压板宽度或直径之比大于或等于 0.06。

当满足前三种情况之一时，其对应的前一级荷载定为极限荷载。

承载力特征值的确定应符合下列规定：

(1) 当 p-s 曲线上有比例界限时，取该比例界限所对应的荷载值；

(2) 当极限荷载小于对应比例界限的荷载值的 2 倍时，取极限荷载值的一半；

(3) 当不能按上述两条要求确定时，当压板面积为 $0.25 \sim 0.50 \mathrm{m}^2$，可取 $s/b = 0.01 \sim 0.015$ 所对应的荷载，但其值不应大于最大加载量的一半。

现行《湿陷性黄土地区建筑标准》（GB 50025—2018）中规定当基础宽度大于 3m 或埋置深度大于 1.5m 时，按荷载试验确定的黄土地基承载力特征值为 f_{ak} 时，需按下式进行基础宽度和深度的修正：

$$f_a = f_{ak} + \eta_b \gamma (b - 3) + \eta_d \gamma_m (d - 1.5) \tag{4-1}$$

式中 f_a——修正后的地基承载力特征值（kPa）；

f_{ak}——对应 $b = 3\mathrm{m}$ 和 $d = 1.50\mathrm{m}$ 的地基承载力特征值（kPa）；

η_b，η_d——分别为基础宽度和基础埋深的地基承载力修正系数，可根据基底下土的类别按表 4-1 查得；

γ——基础底面以下土的重度（kN/m³），地下水位以下取有效重度；

γ_m——基础底面以上土的加权平均重度（kN/m³），地下水位以下取有效重度；

b——基础底面宽度（m），当基础宽度小于 3m 或大于 6m 时，分别按 3m 或 6m 取值；

d——基础埋置深度（m），一般可自室外地面标高算起；当为填方时，可自填土地面标高算起，但填方在上部结构施工完成时，应自天然地面标高算起；对于地下室，如采用箱型基础或筏板基础时，基础埋深可自室外地面标高算起；在其他情况下，应自室内地面标高算起。

表 4-1 基础宽度和埋置深度的地基承载力修正系数

土的类别	有关物理指标	承载力修正系数	
		η_b	η_d
晚更新世（Q_3）	$W \leqslant 24\%$	0.20	1.25
全新世（Q_4^1）湿陷性黄土	$W > 24\%$	0	1.10
新近堆积（Q_4^2）黄土	—	0	1.00
饱和黄土	e 及 I_L 都小于 0.85	0.20	1.25
	e 或 I_L 大于 0.85	0	1.10
	e 及 I_L 都不小于 1.00	0	1.00

注：饱和黄土是指 $I_P > 10$，饱和度 $S_r \geqslant 80\%$ 的晚更新世（Q_3）、全新世（Q_4^1）黄土

4.2.2 按规范推荐的理论公式确定黄土地基承载力特征值

当偏心距小于或等于基础底面宽度的 0.033 时，可根据土的抗剪强度指标确定地基承载力特征值，按下式计算，并满足变形要求（不需要进行深度和宽度修正）：

$$f_a = M_b \gamma b + M_d \gamma_0 d + M_c C_k \tag{4-2}$$

式中 f_a——由土的抗剪强度指标确定的地基承载力特征值（kPa）；

M_b、M_d、M_c——承载力系数，按表 4-2 确定；

b——基础底面宽度（m），大于 6m 时按 6m 取值；

C_k——基底下 1 倍短边宽度范围内土的黏聚力标准值（kPa）。

表 4-2 承载力系数 M_b、M_d、M_c

土的内摩擦角标准值 φ_k(°)	M_b	M_d	M_c
0	0	1.00	3.14
2	0.03	1.12	3.32
4	0.06	1.25	3.51
6	0.10	1.39	3.71
8	0.14	1.55	3.93
10	0.18	1.73	4.17
12	0.23	1.94	4.42
14	0.29	2.17	4.69
16	0.36	2.43	5.00
18	0.43	2.72	5.31
20	0.51	3.06	5.66
22	0.61	3.44	6.04
24	0.80	3.87	6.45
26	1.10	4.37	6.90
28	1.40	4.93	7.40
30	1.90	5.59	7.95
32	2.60	6.35	8.55
34	3.40	7.21	9.22
36	4.20	8.25	9.97
38	5.00	9.44	10.80
40	5.80	10.84	11.73

注：φ_k 为基底下一倍短边宽度的深度范围内土的内摩擦角标准值（°）。

[例题]

某柱下独立基础埋深 $d = 1.8$m，所受轴心荷载 $F_k = 2400$kN，地基持力层为 Q_3 黄土，含水率 $W = 18\%$，土的重度 $\gamma = 17.5$kN/m³，地基承载力特征值 $f_{ak} = 160$kPa，试确定该基础的底面边长。

[解]

此基础埋深超过1.5m，黄土地基的承载力特征值需进行深度的修正

$$f_a = f_{ak} + \eta_d \gamma_m (d-1.5)$$

此地基持力层为 Q_3 黄土，$W=18\%<24\%$，查规范表可知：$\eta_d=1.25$，

则，$f_a = f_{ak} + \eta_d \gamma_m (d-1.5) = 160+1.25\times17.5\times(1.8-1.5) = 166.6$（kPa），

$$b = \sqrt{\frac{F_k}{f_a - \gamma_G d}} = \sqrt{\frac{2400}{166.6-20\times1.8}} = 4.3 \text{（m）}$$

取 $b=4.5$m。

因基础宽度大于3m，故地基承载力特征值还需做宽度修正，即

$f_a = f_{ak} + \eta_d \gamma (b-3) + \eta_d \gamma_m (d-1.5)$

　　$= 166.6+0.2\times17.5\times(4.5-3)$

　　$= 171.9$（kPa）

重新计算基础边长：

$$b = \sqrt{\frac{F_k}{f_a - \gamma_G d}} = \sqrt{\frac{2400}{171.9-20\times1.8}} = 4.2 \text{（m）}$$

取 $b=4.2$m。

思考题

1. 按静荷载试验确定的黄土地基承载力在什么情况下需要进行修正？
2. 对于湿陷性黄土地区的甲类、乙类建筑物的地基承载力如何确定？
3. 对于湿陷性黄土地区的丙类、丁类建筑物的地基承载力如何确定？
4. 如何根据荷载试验的结果确定黄土地基承载力特征值？

第5章 黄土场地工程措施

5.1 湿陷性黄土地基的工程措施

湿陷性黄土地基的设计和施工，除了要遵循一般地基的设计施工原则，还应针对其湿陷性特点，采取相应的工程措施，避免其湿陷性的出现，确保建筑的安全使用。湿陷性黄土地基的工程措施，包括设计措施和施工措施两方面内容，本章重点讨论设计措施，简要介绍施工措施。

5.1.1 黄土地区的场址选择与总平面设计

1. 场址选择

场址选择是一项比较复杂的工作，场址选择一旦失误，后果难以设想，不仅给工程建设带来极大的危害，而且会造成巨大的经济损失。湿陷性黄土地区的场址选择应符合下列要求：

（1）具有排水通畅或利于组织场地排水的地形条件；
（2）避开洪水威胁的地段；
（3）避开不良地质环境发育和地下坑穴集中的地段；
（4）避开新建水库、人工湖等可能引起地下水位上升的地段；
（5）避免将重要建设项目布置在自重湿陷性很严重的黄土场地或厚度大的新近堆积黄土和高压缩性的饱和黄土等地段；
（6）避开由于建设可能引起工程地质环境恶化的地段。

2. 总平面设计要求

（1）合理规划场地，做好竖向设计，保证场地、道路和铁路等地表排水畅通；
（2）在同一建筑范围内，地基土的压缩性和湿陷性变化不宜过大；
（3）主要建筑物宜布置在地基湿陷等级低的地段；
（4）在山前斜坡地带，建筑物宜沿等高线布置，填方厚度不宜过大；
（5）储水构筑物和有湿润生产工艺的厂房等，宜布置在地下水流向的下游地段或地形较低处；
（6）在挖填方厚度较大场区，宜避免在挖填交界处规划布局单体建筑。

3. 总平面设计中的防水要求

（1）防护距离

防护距离是指防止建筑物地基受管道、水池等渗漏影响的最小距离。建筑物与埋地管道、排水沟、雨水明沟、水池等的防护距离与建筑类型、地基湿陷等级有关（表5-1）。

第5章 黄土场地工程措施

表5-1 埋地管道、排水沟、雨水明沟和水池等与建筑物之间的防护距离

建筑类别	地基湿陷等级			
	Ⅰ	Ⅱ	Ⅲ	Ⅳ
甲	—	—	8~9	11~12
乙	5	6~7	8~9	10~12
丙	4	5	6~7	8~9
丁	—	5	6	7

注：1 陇西地区（Ⅰ区）和陇东-陕北-晋西地区（Ⅱ区），当湿陷性黄土层的厚度大于12m时，压力管道与各类建筑的防护距离不宜小于湿陷性黄土层的厚度；
2 当湿陷性黄土层内有碎石土、砂土夹层时，防护距离可大于表中数值；
3 采用基本防水措施的建筑，其防护距离不得小于一般地区的规定。

防护距离的计算：对建筑物，应自外墙墙皮算起；对高耸结构，应自基础外缘算起；对水池，应自池壁边缘（喷水池等应自回水坡边缘）算起；对管道、排水沟，应自其外壁算起。

各类建筑与新建水渠之间的距离，在非自重湿陷性黄土场地不得小于12m；在自重湿陷性黄土场地不得小于湿陷性黄土层厚度的3倍，不应小于25m。

（2）场地排水

有下列情况之一时，应采取有组织排出建筑物周边雨水的措施：①邻近有构筑物（包括露天装置）、露天吊车、堆场或其他露天作业场等；②邻近有铁路通过；③建筑物的平面为E、U、H、L、口等形状构成封闭或半封闭的场地。

排水坡度要求：建筑场地平整后的坡度，在建筑物周围6m内不宜小于2%，当为不透水地面时，可适当减小；在建筑物周围6m外不宜小于0.5%。当采用雨水明沟或路面排水时，其纵向坡度不应小于0.5%。

（3）场地防水

防护范围内的雨水明沟不得漏水。自重湿陷性黄土场地宜设混凝土雨水明沟，防护范围外的雨水明沟，宜做防水处理，沟底下均应设灰土或土垫层。

在建筑物周围6m内应平整场地，当为填方时，应分层夯（或压）实，其压实系数不得小于0.95；当为挖方时，在自重湿陷性黄土场地，表面夯（或压）实后宜设置150~300mm厚的灰土面层，其压实系数不得小于0.95。

（4）总平面设计应符合下列规定：

①合理规划场地，做好竖向设计，保证场地、道路和铁路等地表排水畅通；
②在同一建筑范围内、地基上的压缩性和湿陷性变化不宜过大；
③主要建筑物宜布置在地基湿陷等级低的地段；
④在山前斜坡地带，建筑物宜沿等高线布置，填方厚度不宜过大；
⑤储水构筑物和有湿润生产工艺的厂房等，宜布置在地下水流向的下游地段或地形较低处；
⑥在挖填方厚度较大场区，宜避免在挖填交界处规划布局单体建筑。

5.1.2 黄土地区的建筑设计

1. 建筑物设计要求

（1）建筑物的体型和纵横墙的布置，应利于加强其空间刚度，并具有适应或抵抗湿陷变形的能力；多层砌体承重结构的建筑，体型应简单，长高比不宜大于3；

（2）合理设计建筑物的雨水排水系统，多层建筑的室内地坪应高出室外地坪且高差不宜小于450mm；

（3）用水设施宜集中设置，缩短地下管线并远离主要承重基础，其管道宜明装；

（4）在防护范围内设置绿化带，应采取措施防止地基土受水浸湿。

2. 屋面排水

单层和多层建筑物的屋面，宜采用外排水；当采用有组织外排水时，宜选用耐用材料的水落管，其末端距离散水面不应大于300mm，并不应设置在沉降缝处；集水面积大的外置水落管，应接入专设的雨水明沟或管道。

3. 散水

建筑物的周围必须设置散水。其坡度不得小于5%，散水外缘应略高于平整后的场地，散水的宽度应按下列规定采用。

（1）当屋面为无组织排水时，檐口高度在8m以内宜为1.50m；檐口高度超过8m，每增高4m宜增宽250mm，但最宽不宜大于2.50m。

（2）当屋面为有组织排水时，在非自重湿陷性黄土场地不得小于1m，在自重湿陷性黄土场地不得小于1.50m。

（3）水池的散水宽度宜为1~3m，散水外缘超出水池基底边缘不应小于200mm，喷水池等的回水坡或散水的宽度宜为3~5m。

（4）高耸结构的散水宜超出基础底边缘1m，且宽度不得小于5m。

散水应用现浇混凝土浇筑，其下应设置150mm厚的灰土垫层或300mm厚的土垫层，并应超出散水和建筑物外墙基础底外缘500mm。

散水宜每隔6~10m设置一条伸缩缝。散水与外墙交接处和散水的伸缩缝，应用柔性防水材料填封，散水外缘不宜设置雨水明沟。

4. 地面

经常受水浸湿或可能积水的地面，应按防水地面设计。对采用严格防水措施的建筑，其防水地面应设可靠的防水层。地面坡向集水点的坡度不得小于0.01。地面与墙、柱、设备基础等交接处应做翻边，地面下应做300~500mm厚的灰土或土垫层。

管道穿过地坪应做好防水处理。排水沟与地面混凝土宜一次浇筑。防水地面做法如图5-1所示。

5. 排水沟

排水沟的材料和做法，应根据地基湿陷等级、建筑物类别和使用要求选定，并应设置灰土（或土）垫层。在防护范围内宜采用钢筋混凝土排水沟，但在非自重湿陷性黄土场地，室内小型排水沟可采用混凝土浇筑，并应做防水面层。对采用严格防水措施的建筑，其排水沟应增设可靠的防水层。排水沟的做法如图5-2所示。

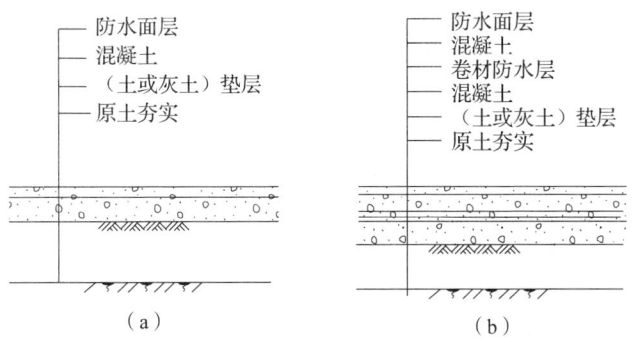

图 5-1 防水地面
（a）防水地面（基本防水措施）；（b）防水地面（严格防水措施）

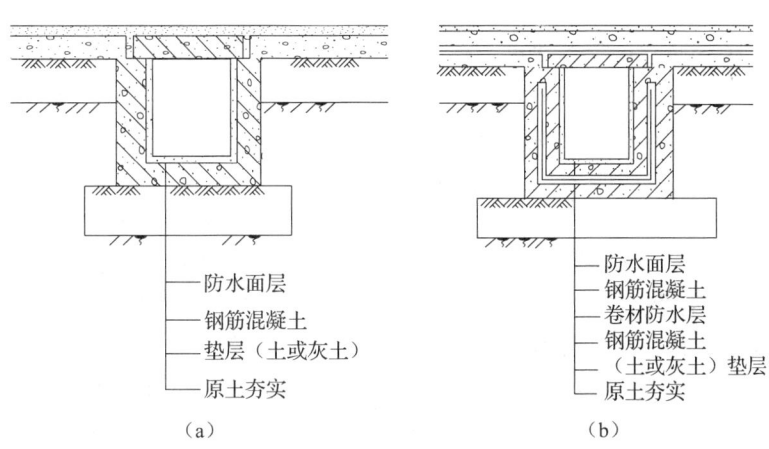

图 5-2 排水沟
（a）水沟（基本防水措施）；（b）排水沟（严格防水措施）

5.1.3 黄土地区的结构设计

1. 当地基不处理或仅消除地基的部分湿陷量时，结构设计应根据建筑物类别、地基湿陷等级或地基处理后下部未处理湿陷性黄土层的湿陷起始压力值或剩余湿陷量以及建筑物对不均匀沉降的敏感度等确定采取的结构措施，并应符合下列规定：

（1）选择适宜的结构体系和基础型式；

（2）墙体宜选用轻质材料；

（3）加强结构的整体性与空间刚度；

（4）预留适应沉降的净空。

2. 当建筑物的平面、立面布置复杂时，宜采用沉降缝将建筑物分成若干个简单、规则并具有较大空间刚度的独立单元。沉降缝两侧，各单元应设置独立的承重结构体系。

3. 高层建筑的设计，宜选用轻质高强材料，并应加强上部结构刚度和基础刚度，宜采取下列措施：

（1）调整上部结构荷载合力作用点与基础形心的位置，减小偏心；

（2）采用桩基础或采用减小沉降的其他有效措施，控制建筑物的不均匀沉降或倾斜值在允许范围内；

（3）当主楼与裙房采用不同的基础型式时，应考虑高、低不同部位沉降差的影响，并采取相应的措施。

4. 丙类建筑的基础埋置深度，不应小于1m。

5. 当有地下管道或管沟穿过建筑物的基础或墙时，应预留洞孔。洞顶与管道及管沟顶间的净空高度：对消除地基全部湿陷量的建筑物，不宜小于200mm；对消除地基部分湿陷量和未处理地基的建筑物，不宜小于300mm。洞边与管沟外壁必须脱离。洞边与承重外墙转角处外缘的距离不宜小于1m；当不能满足要求时，可采用钢筋混凝土框加强。洞底距基础底不应小于洞宽的1/2，并不宜小于400mm，当不能满足要求时，应局部加深基础或在洞底设置钢筋混凝土梁。

6. 砌体承重结构建筑的现浇钢筋混凝土圈梁、构造柱或芯柱，应按下列要求设置：

（1）乙、丙类建筑的基础内和屋面檐口处，均应设置钢筋混凝土圈梁；乙类、丙类中的多层建筑应每层设置钢筋混凝土圈梁；单层厂房与单层空旷房屋，当檐口高度大于6m时，宜适当增设钢筋混凝土圈梁；

乙、丙类中的多层建筑：当地基处理后的剩余湿陷量分别不大于150mm和200mm时，均应在基础内、屋面檐口处和第一层楼盖处设置钢筋混凝土圈梁，其他各层宜隔层设置；当地基处理后的剩余湿陷量分别大于150mm和200mm时，除在基础内应设置钢筋混凝土圈梁外，并应每层设置钢筋混凝土圈梁；

（2）在Ⅱ级湿陷性黄土地基上的丁类建筑，应在基础内和屋面檐口处设置配筋砂浆带；在Ⅲ、Ⅳ级湿陷性黄土地基上的丁类建筑，应在基础内和屋面檐口处设置钢筋混凝土圈梁；

（3）对采用严格防水措施的多层建筑，应每层设置钢筋混凝土圈梁；

（4）各层圈梁均应设在外墙、内纵墙和对整体刚度起重要作用的内横墙上，横向圈梁的水平间距不宜大于16m；圈梁应在同一标高处闭合，遇有洞口时应上下搭接，搭接长度不应小于其竖向间距的2倍，且不得小于1m；

（5）在纵、横圈梁交接处的墙体内，宜设置钢筋混凝土构造柱或芯柱。

7. 砌体承重结构建筑的窗间墙宽度，在承受主梁处或开间轴线处，不应小于主梁或开间轴线间距的1/3，并不应小于1m；在其他承重墙处，不应小于0.60m。门窗洞孔边缘至建筑物转角处（或变形缝）的距离不应小于1m。当不能满足上述要求时，应在洞孔周边采用钢筋混凝土框加强，或在转角及轴线处加设构造柱或芯柱。

8. 对多层砌体承重结构建筑，不得采用空斗墙和无筋过梁。当砌体承重结构建筑的门、窗洞或其他洞孔的宽度大于1m，且地基未经处理或未消除地基的全部湿陷量时，应采用钢筋混凝土过梁。

9. 厂房内吊车上的净空高度：对消除地基全部湿陷量的建筑，不宜小于200mm；对消除地基部分湿陷量或地基未经处理的建筑，不宜小于300mm。

吊车梁应设计为简支。吊车梁与吊车轨之间应采用能调整的连接方式。

10. 预制钢筋混凝土梁的支承长度，在砖墙、砖柱上不宜小于240mm；预制钢筋混凝土板的支承长度，在砖墙上不宜小于100mm，在梁上不应小于80mm。

5.1.4 黄土地区的给排水设计

1. 设计给水、排水管道，应符合下列要求：
（1）室内管道宜明装；暗设管道应设置便于检修的设施；
（2）室外管道宜布置在防护范围外；布置在防护范围内的地下管道，应采取防水措施；
（3）管道接口应严密不漏水，并具有柔性；管道接口法兰、卡扣、卡箍等应安装在检查井或地沟内，不应埋在土层中；
（4）设置在地下管道的检漏管沟和检漏井，应便于检查和排水。

2. 地下管道应结合具体情况，采用下列管材：
（1）管沟及管井内的压力管道宜采用球墨给水铸铁管、给水塑料管、钢管、不锈钢管、钢塑复合管、双金属复合管等；
（2）埋地压力管道宜采用球墨给水铸铁管、给水塑料管、焊接不锈钢管、丝接钢管、熔接钢塑复合管、预应力钢筒混凝土管或预应力钢筋混凝土管等；
（3）自流管道宜采用排水铸铁管、塑料排水管、钢塑复合排水管、玻璃钢夹砂排水管、离心成型钢筋混凝土排水管等；
（4）对埋地给水铸铁管、不锈钢管及熔接钢塑复合管应做防腐处理，对埋地钢管及钢配件应做加强防腐层；
（5）管材、管件均应符合国家及行业现行相关产品标准的规定。

3. 屋面雨水悬吊管道引出外墙后，应接入室外雨水明沟、管道或检查井。在建筑物的外墙上，不得设置洒水栓。

4. 检漏管沟应做防水处理。其材料与做法可根据不同防水措施的要求，按下列规定采用：
（1）对检漏防水措施，应采用砖壁混凝土槽形底检漏管沟或砖壁钢筋混凝土槽形底检漏管沟；管沟高度大于1.6m时应采用钢筋混凝土检漏管沟；
（2）对严格防水措施，应采用钢筋混凝土检漏管沟；在自重湿陷性黄土场地，对地基受水浸湿可能性大的建筑，宜增设可靠的防水层，防水层应做保护层；
（3）对高层建筑或重要建筑，当有成熟经验时，可采用其他形式的检漏管沟或有检漏报警功能的直埋管中管。

对直径较小、长度较短的管道，当采用检漏管沟确有困难时，可采用金属或钢筋混凝土套管。

5. 设计检漏管沟，除应符合"《湿陷性黄土地区建筑标准》（GB 50025—2018）"中5.5.10条的要求，还应符合下列规定：
（1）检漏管沟的盖板不宜明设；当明设时或在人孔处，应采取防止地面水流入沟内的措施；
（2）检漏管沟的沟底应设坡度，并应坡向检漏井；进、出户管的检漏管沟，沟底坡度宜大于2%；

(3) 检漏管沟的截面,应根据管道管径、数量和安装与检修的要求确定;在使用和构造上需保持地面完整或当地下管道较多并需集中设置时,宜采用半通行或通行管沟(管廊);

(4) 不得利用建筑物和设备基础作为沟壁或井壁;

(5) 检漏管沟在穿过建筑物基础或墙处不得断开,并应加强其刚度。检漏管沟穿出外墙的施工缝,宜设在室外检漏井处或超出基础3m处。

槽形底检漏管沟做法如图5-3所示。

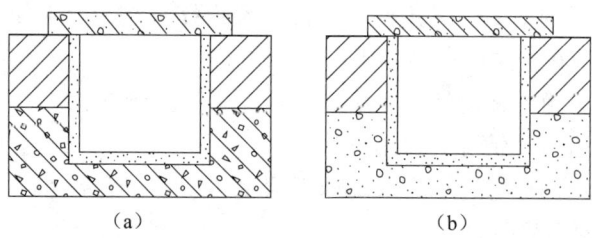

图 5-3 槽形底检漏管沟(检漏防水措施用)
(a) 砖壁钢筋混凝土槽形底;(b) 砖壁混凝土槽形底

6. 对甲类建筑和自重湿陷性黄土场地上乙类中的重要建筑,室内地下管线宜敷设在地下或半地下室的设备层内。穿出外墙的进、出户管段,应设置在管沟内,宜集中设置在半通行管沟内。

7. 设计检漏井,应符合下列规定:

(1) 检漏井应设置在管沟末端和管沟沿线分段的每段下游检漏处;

(2) 检漏井内宜设集水坑,其深度不得小于300mm;

(3) 当检漏井与排水系统接通时,应防止倒灌。

8. 检漏井、阀门井和检查井等,应做防水处理,并应防止地面水、雨水流入检漏井或阀门井内。在防护范围内的检漏井、阀门井和检查井等,宜采用与检漏管沟相应的材料。

不得利用检查井、消火栓井、消防水泵接合器井、洒水栓井和阀门井等兼作检漏井。但检漏井可与检查井或阀门井共壁合建(图5-4)。不宜采用闸阀套筒代替阀门井。

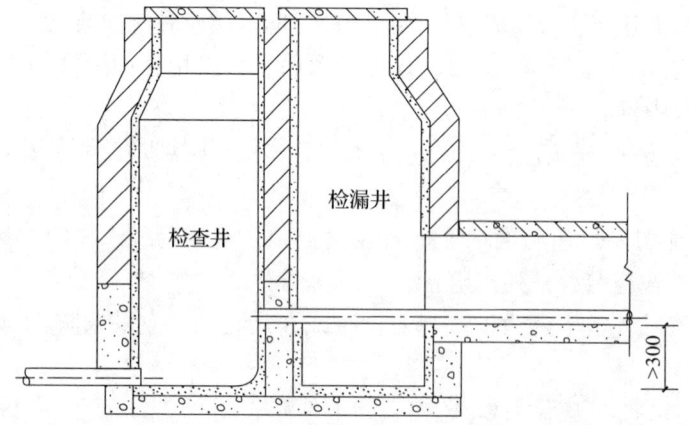

图 5-4 检漏井与检查井共壁合建(检漏防水措施用)

9. 在湿陷性黄土场地，对地下管道及其附属构筑物，如检漏井、阀门井、检查井、管沟等的地基设计，应符合下列规定：

（1）应设 150~300mm 厚的土垫层，对埋地的重要管道或大型压力管道及其附属构筑物，尚应在土垫层上设 300mm 厚的灰土垫层；

（2）对埋地的非金属自流管道，除应符合上述地基处理要求外，还应设置混凝土条形基础。

10. 当管道穿过井（或沟）时，应在井（或沟）壁处预留洞孔或预埋防水套管。管道与洞孔套管间的缝隙，应采用不透水的柔性材料填塞。

11. 管道穿过水池的池壁处，宜设柔性防水套管或在管道上加设柔性接头。水池的溢水管和泄水管，应接入排水系统。

5.1.5 黄土地区的供热与通风设计

1. 采用直埋敷设的供热管道，选用管材应符合国家有关标准的规定。对重点监测管段，宜设置泄漏报警系统。

2. 采用管沟敷设的供热管道，在防护距离内，管沟的材料及做法应符合现行《湿陷性黄土地区建筑标准》（GB 50025—2018）要求；各种地下井、室，应采用与管沟相应的材料及做法；在防护距离外的管沟可采用基本防水措施，其管沟或井、室的材料和做法，可按一般地区的规定设计。阀门不宜设在沟内。

3. 供热管沟的沟底坡度宜大于 2%，并应坡向室外检查井，检查井内应设集水坑，其深度不应小于 300mm。

检查井可与检漏井合并设置。

在过门地沟的末端应设检漏孔，地沟内的管道应采取防冻措施。

4. 地下风道和地下烟道的人孔或检查孔等，不应设在有可能积水的地方。当确有困难时，应采取措施防止地面水流入。

5. 架空管道和室内外管网的泄水、凝结水，不得任意排放。

埋地金属管道的管基做法如图 5-5 所示；埋地非金属自流管道的管基做法如图 5-6 所示。

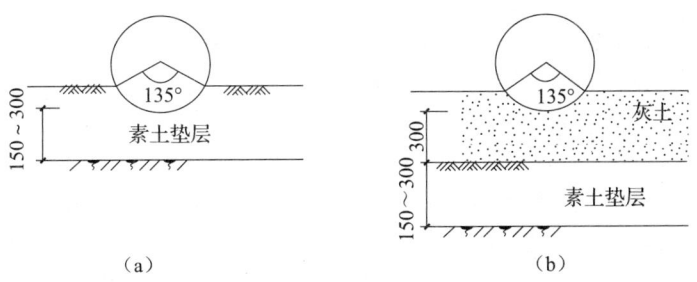

图 5-5 埋地金属管道的管基（自重湿陷性黄土场地用）

(a) 一般管道；(b) 重要管道或大型压力管道

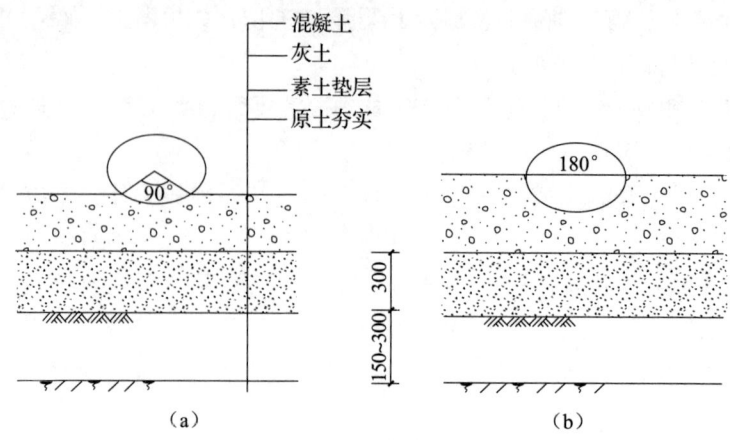

图 5-6 埋地非金属自流管道的管基（自重湿陷性黄土场地用）
(a) 一般管道；(b) 重要管道或大型压力管道

5.2 湿陷性黄土地基处理的实施原则和方法

地基处理是通过采取各种地基处理措施来改善地基土的工程特性，达到满足建筑物对地基强度和变形要求的目的。

本节主要介绍湿陷性黄土地基处理中常用的垫层、夯实、土桩挤密、桩基础、预浸水等方法。

1. 地基处理方法概述

地基处理方法很多，用于黄土地基的处理方法有十余种，如换土垫层、夯实法、挤密桩、桩基础、预浸水、化学加固、振冲桩、石灰桩等。其中湿陷性黄土地基的常用处理方法见表5-2。

表 5-2 湿陷性黄土地基的常用处理方法

名　称	适用范围	可处理的湿陷性黄土层厚度（m）
垫层法	地下水位以上，局部或整片处理	1~3
强夯法	地下水位以上，$S_r \leqslant 60\%$的湿陷性黄土，局部或整片处理	3~12
挤密法	地下水位以上，$S_r \leqslant 65\%$的湿陷性黄土	5~25
预浸水法	自重湿陷性黄土场地，地基湿陷等级为Ⅲ级或Ⅳ级，可消除地面下6m以下湿陷性黄土层的全部湿陷性	6m以上，尚应采用垫层或其他方法处理
注浆法	可灌性较好的湿陷性黄土（需经试验验证注浆效果）	现场试验确定
其他方法	经试验研究或工程实践证明行之有效	现场试验确定

青海处理湿陷性黄土地基广泛采用换土垫层法，且多半是原土回填压实，上面再铺以压实灰土层。挤密桩和桩基础的使用亦常见，桩基础多用钢筋混凝土灌注桩和预制桩。西宁西川农贸楼曾用石灰桩处理饱和黄土地基，效果尚佳。强夯法曾在西宁曹家堡机场处理湿陷性

黄土上积累了一定经验。西宁西川河南岸住宅楼地基预浸水处理也很成功。

2. 地基处理的实施原则和要求

（1）当地基的湿陷变形、压缩变形或承载力不能满足设计要求时，应针对不同土质条件和建筑物的类别，在地基压缩层内或湿陷性黄土层内采取处理措施，各类建筑的地基处理应符合下列要求：甲类建筑应消除地基的全部湿陷量或采用桩基础穿透全部湿陷性黄土层，或将基础设置在非湿性黄土层上；乙、丙类建筑应消除地基的部分湿陷量。

（2）湿陷性黄土地基的平面处理范围，应符合下列规定：

①非自重湿陷性黄土场地可采用整片或局部处理地基，自重湿陷性黄土场地应采用整片处理；

②当为局部处理时，其处理范围应大于基础底面的面积；在非自重湿陷性黄土场地，每边应超出基础底面宽度的1/4，并不应小于0.50m；在自重湿陷性黄土场地，每边应超出基础底面宽度的3/4，并不应小于1m；

③当为整片处理时，其处理范围应大于建筑物外墙基础底面，超出建筑物外墙基础外缘的宽度，不宜小于处理土层厚度的1/2，并不应小于2m。

（3）甲类建筑消除地基全部湿陷量的处理厚度，应符合下列要求：

①在非自重湿陷性黄土场地，应将基础底面以下附加压力与上覆土的饱和自重压力之和大于湿陷起始压力的所有土层进行处理，或处理至地基压缩层的深度为止；

②在自重湿陷性黄土场地，应处理基础底面以下的全部湿陷性黄土层。

（4）乙类建筑消除地基部分湿陷量的最小处理厚度，应符合下列要求：

①在非自重湿陷性黄土场地，不应小于地基压缩层深度的2/3，且下部未处理湿陷性黄土层的湿陷起始压力值不应小于100kPa；

②在自重湿陷性黄土场地，不应小于湿陷性土层深度的2/3，且下部未处理湿陷性黄土层的剩余湿陷量不应大于150mm；

③如基础宽度大或湿陷性黄土层厚度大，处理地基压缩层深度的2/3或全部湿陷性黄土层深度的2/3确有困难时，在建筑物范围内应采用整片处理。其处理厚度：在非自重湿陷性黄土场地不应小于4m，且下部未处理湿陷性黄土层的湿陷起始压力值不宜小于100kPa；在自重湿陷性黄土场地不应小于6m，且下部未处理湿陷性黄土层的剩余湿陷量不宜大于150mm。

（5）丙类建筑消除地基部分湿陷量的最小处理厚度，应符合下列要求：

①当地基湿陷等级为Ⅰ级时：对单层建筑可不处理地基；对多层建筑，地基处理厚度不应小于1m，且下部未处理湿陷性黄土层的湿陷起始压力值不宜小于100kPa；

②当地基湿陷等级为Ⅱ级时：在非自重湿陷性黄土场地，对单层建筑（总高度小于6m且长高比小于2.5），地基处理厚度不应小于1m，且下部未处理湿陷性黄土层的湿陷起始压力值不宜小于80kPa；对多层建筑，地基处理厚度不宜小于2m，且下部未处理湿陷性黄土层的湿陷起始压力值不宜小于100kPa；在自重湿陷性黄土场地，对单层建筑，处理厚度不小于2m，对其他单层或多层建筑，地基处理厚度不应小于2.50m，且下部未处理湿陷性黄土层的剩余湿陷量，不应大于200mm；

③当地基湿陷等级为Ⅲ级或Ⅳ级时，对多层建筑宜采用整片处理，地基处理厚度分别不

应小于3m或4m,且下部未处理湿陷性黄土层的剩余湿陷量,单层及多层建筑均不应大于200mm。

(6) 地基压缩层的厚度:对条形基础,可取其宽度的3倍;对独立基础,可取其宽度的2倍;对于筏形基础和宽度大于10m的基础,取其宽度的0.8~1.2倍。基础宽度大者取小值,反之取大值,也可按下式计算:

$$p_z = 0.2 p_{cz}$$

式中 p_z——相应于荷载效应标准组合,在基础底面下z深度处的附加应力值(kPa);

p_{cz}——基础底面下z深度处的自重应力值(kPa)。

在z深度处以下,如有高压缩性土,可计算至$p_z = 0.10 p_{cz}$深度处止。取其中较大值且不宜小于5m。

3. 地基处理方法的选用

在工程实践中,正确选用地基处理方法是至关重要的,一般应根据处理厚度的要求,综合多种因素,拟定几种方案,通过方案比较,确定出最佳方案。处理方法失当,往往会带来湿陷事故的隐患。

(1) 选择处理方法时的考虑因素

①建筑物类型;

②工程地质条件;

③拟建建筑所处的位置和周围环境;

④施工技术力量和材料设备情况;

⑤地基处理方法适用范围和已有应用经验;

⑥工期要求和经济效益;

⑦处理效果;

⑧其他,如环境保护要求等。

(2) 最佳地基处理方法的条件

①技术上可靠,处理效果佳;

②经济上合理,成本较低;

③满足施工进度要求;

④满足环境保护的要求,避免因低级处理对地面水、地下水产生污染,或对周围环境产生不良影响;

⑤注意节约能源。

上述条件也就是地基处理方法的选用原则。

5.3 换土垫层法

5.3.1 换土垫层法概念

换土垫层法是将基础底下一定范围内的软弱土层挖去,然后分层回填强度较大的砂、碎石、素土或灰土等材料,并加以夯压或振密的一种地基处理方法。

根据回填材料不同，垫层可分为砂垫层、砂石垫层、碎石垫层、素土垫层、灰土垫层、粉煤灰垫层和干渣垫层等。垫层的夯压或振密可采用机械碾压、重锤夯实和振动压实等方法进行。

当处理黄土湿陷性时，垫层应采用土垫层和灰土垫层。垫层法当仅要求消除基底下1~3m湿陷性黄土的湿陷量时，宜采用局部（或整片）土垫层进行处理，当同时要求提高垫层土的承载力及增强水稳性时，宜采用灰土垫层或水泥土垫层进行处理。

5.3.2 换土垫层法作用

换土垫层法的作用表现在以下几个方面：

(1) 提高浅基础下地基的承载力

因地基中的剪切破坏是从基础底面开始，随应力增大逐渐向纵深发展。故以抗剪强度较大的砂或其他回填材料置换掉可能产生剪切破坏的软弱土层，就可避免地基的破坏。据试验资料，素土垫层的承载力特征值可达到200kPa以上，灰土垫层的承载力特征值可达到300kPa以上，一般比湿陷性黄土的承载力高。

(2) 消除湿陷性

一般当土垫层的厚度为1~3m时，素土垫层的湿陷量为1~3cm，灰土垫层的湿陷量不超过1cm。因此，土垫层地基的湿陷量主要发生在处理的下部湿陷性黄土层中。设置土垫层基本消除了垫层范围内黄土的湿陷性。

(3) 降低渗透性

击实试验资料表明，天然湿陷性黄土的渗透系数与扰动击实后黄土的渗透系数之比，平均约为1:6。由此可见，土垫层的设置，可以大大降低垫层范围内土的渗透性。对于整片垫层，借助其隔水效果，可以抑制下部土层湿陷性的发挥。

青海省水利厅研究所曾在6m厚自重湿陷性黄土层上进行渠床翻压试验，压实系数控制为0.96，当翻压厚度≥1.4m时，渠底实测自重湿陷量近于零。这进一步说明，压实土层的隔水效果甚佳，只要达到一定厚度，就可以起到抑制下部土层湿陷性发挥的良好作用。

(4) 降低压缩性

试验资料表明，土垫层地基的压缩变形比天然湿陷性黄土地基的压缩变形小得多，其沉降与压力之间关系近似于直线变化。素土垫层的变形模量为11~15MPa，比天然湿陷性黄土地基的变形模量大1倍左右，灰土垫层的变形模量更大，一般在20MPa以上，由此可见，设置土垫层，可以降低天然湿陷性黄土地基的压缩性。

5.3.3 换土垫层法适用范围

换土垫层法适用于淤泥、淤泥质土层、湿陷性黄土、素填土、杂填土地基及暗沟、暗塘等的浅层地基处理。处理深度根据置换软弱层厚度及下卧土层承载力确定，一般控制在3m以内，但不宜小于0.5m。若垫层太厚，施工土方量和坑壁放坡占地面积均较大，使处理费用增高、工期拖长；而垫层太薄，处理效果又不显著。

5.3.4 土垫层的设计

土垫层的设计内容包括垫层厚度、宽度、压实系数和承载力特征值的确定等。

1. 土垫层的厚度

土垫层的厚度主要取决于消除湿陷量的多少,一般取 1~3m 厚。

设计中,一般先初步拟定厚度,然后进行下卧层验算,以最终确定厚度。

2. 土垫层的宽度

除应满足应力扩散的要求外,还应根据垫层侧面土的承载力,防止垫层向两边挤出。

3. 土垫层的质量要求

土(或灰土)垫层的施工质量,应用压实系数 λ_c 控制,并应符合下列规定:

(1)厚度小于或等于 3m 的土(或灰土)垫层,不应小于 0.97;

(2)厚度大于 3m 的土(或灰土)垫层,其基底 3m 以内部分不应小于 0.97,3m 以下不应小于 0.99。

垫层厚度宜从基础底面标高算起。压实系数 λ_c 可按下式计算:

$$\lambda_c = \rho_d / \rho_{dmax} \tag{5-1}$$

式中　λ_c——压实系数;

　　　ρ_d——垫层的控制(或设计)干密度(g/cm^3);

　　　ρ_{dmax}——最大干密度(g/cm^3)。

4. 土垫层的承载力

应根据现场原位试验结果结合下卧层湿陷量综合确定,应满足建筑地基的承载力和变形要求。

5.3.5 土垫层的施工要点

垫层施工的关键是将换填材料压实至设计要求的密实度。压实方法常用机械碾压法、重锤夯实法和振动压实法。

机械碾压法是用压路机、推土机、平碾、羊足碾、振动碾或蛙夯机等压实机械来压实地基表层的一种地基处理方法;重锤夯实法是用起重机械将 15~30kN 的夯锤(图 5-7)提升到 2.5~4.5m 的高度,然后自由落下,重复夯打,使地基表面形成一硬壳层的地基处理方法;振动压实法是利用振动压实机(图 5-8)产生的垂直振动力来振实地基表层的地基处理方法。

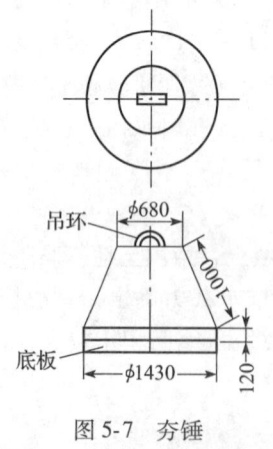

图 5-7　夯锤　　　　图 5-8　振动压实机

垫层压实方法的选择，取决于换填材料种类。粉质黏土、灰土垫层宜采用平碾振动碾或羊足碾；砂石垫层宜用振动碾；当有效夯实深度内土的饱和度小于并接近60%时，可采用夯锤夯实法。

应注意的是，机械碾压法、重锤夯实法和振动压实法不仅能用于垫层加密处理，也适宜于浅层软弱地基土处理。其中，机械碾压法可用于大面积填土地基处理；重锤夯实法可用于地下水位距地表0.8m以上的黏性土、砂土和杂填土地基；振动压实法适用于无黏性土地基。

5.4 挤密法和振冲法

5.4.1 土或灰土桩挤密法

1. 加固机理

土或灰土桩挤密法，是将钢管通过锤击、振动等方式沉入土中，形成孔位，孔中分层填入黏性土或石灰与土的混合料，经分层捣实后，形成土桩或灰土桩。土中成孔方法亦可使用冲击、爆破等形式。

土或灰土桩挤密法的加固机理是：成孔过程中，桩位处土体被迫挤向桩周土中，土受挤压后，孔隙体积减少，桩间土因而密实，地基承载力提高；同时，桩体捣实后，自身强度很高，桩与桩间土组成复合地基，共同承担建筑物荷载。

2. 适用范围

土或灰土桩挤密法适用于处理地下水位以上的湿陷性黄土、素填土和杂填土等地基。当以消除地基湿陷性为主要目的时，宜选用土桩；当以提高地基承载力或水稳定性为主要目的时，宜选用灰土桩。处理深度宜为3~15m。但当地基含水量大于24%及其饱和度大于65%时，拔管过程中，桩体易产生颈缩现象，沉管时桩周土易隆起，成桩质量得不到保证，因此不宜采用土或灰土桩挤密法再通过试验确定其适用性。

5.4.2 砂石桩挤密法

1. 加固机理与适用范围

砂石桩挤密法，系指借助打桩机械，通过振动或锤击作用将钢管沉入软弱地基中成孔，孔中灌入砂、石等材料后，形成砂石桩的地基处理方法。适用于处理松散砂土、素填土和杂填土等地基。对在饱和黏性土地基上，主要不以变形控制的工程亦可采用砂石桩置换处理。

（1）松砂加固机理：松散砂土具有疏松的单粒结构，土中孔隙大，颗粒骨架极不稳定。而在砂石桩成桩过程中，因钢管采用振动或锤击方式下沉，桩管对周围砂层将产生很大的横向挤密作用。桩周土体受挤压后，土中颗粒产生移动，土孔隙体积减少，桩间砂土密实度增大，从而提高了地基承载力，减少了地基沉降，防止了砂土的地震液化。由此可见，砂石桩在松砂地基中主要起横向挤密作用。应注意的是：排水固结法中的砂井亦是以砂为填料的桩体，但砂井的作用是排水，没有挤密作用。

（2）黏性土加固机理：因饱和软黏土透水性极低，受扰动后地基强度有所下降，故而砂石桩在成桩过程中，很难起到横向挤密加固作用。砂石桩在饱和软黏土中的作用效果主要体现在置换和排水两方面，替换了软土的密实砂石桩与桩间土组成复合地基，共同承担建筑物荷载，因此提高了地基承载力；同时，砂石桩亦是良好的排水通道，加速了软土的排水固结。

2. 设计要点

（1）桩径：根据地基土质情况和成桩设备等因素确定，一般为 300~800mm。

（2）桩位布置：砂石桩的平面布置可采用等边三角形或正方形。对于砂土地基，宜用等边三角形布置；对于软黏土地基，由于砂石桩主要作为置换，可选用任何一种。

（3）桩距：砂石桩桩距取决于地层土质条件、成桩机械能力和要求达到的密实度等因素，应通过现场试验确定，对于粉土地基不宜大于砂石桩直径的 4.5 倍；对于黏性土地基不宜大于砂石桩直径的 3 倍。

（4）桩长：砂石桩桩长应根据建筑物对地基变形的要求、地层情况、液化土层的埋深等因素综合确定，其桩长在 8~20m 之间，桩长一般应满足下列条件。

① 如软土较厚时，按变形控制进行桩长设计，并满足软弱下卧层承载力验算要求，对采用砂石桩处理地基稳定问题时，桩长应穿过最危险滑动面不少于 2m；

② 软土层厚度较小，应穿透软土层；

③ 应穿透可液化土层，消除液化土层的液化性；

④ 桩长不小于 4m。

（5）加固范围：砂石桩挤密地基宽度应超出建筑物基础宽度，每边放宽不应少于 1~3 排桩。

砂石桩用于防止砂层液化时，每边放宽不宜小于处理深度的 1/2，并不应小于 5m。当可液化土层上覆盖有厚度大于 3m 的非液化层时，每边放宽不宜小于液化层厚度的 1/2，并不应小于 3m。

5.4.3 振冲法

1. 振冲法概念

振冲法亦称振动水冲法，是依靠振冲器对地基施加振动和水冲动作，达到加固地基的目的。振冲器由装入钢制外套内的潜水电动机、偏心块和通水管三部分组成，类似于插入式混凝土振捣器，如图 5-9 所示。

振冲法加固地基，是以起重机吊起振冲器，启动潜水电动机带动偏心块转动，振冲器因而产生高频振动，同时开动水泵，通过振冲器前端喷嘴喷射高压水流，在振动和高压水流共同作用下，土被挤向两边，振冲器下沉到土中预定深度，然后进行清孔，用循环水带出较稠泥浆。此后就从地面向孔中逐段添加碎石或其他散粒材料，每段填料均在振冲器的振动作用下被振捣密

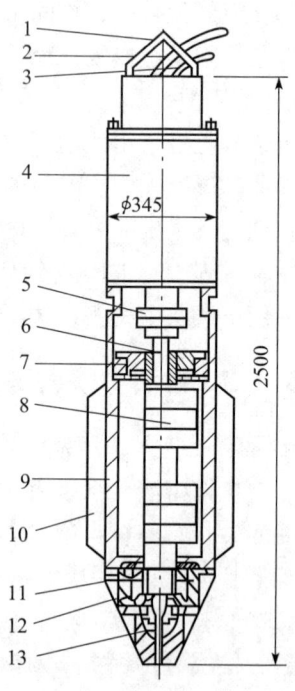

图 5-9 振冲器构造
1—吊具；2—水管；3—电缆；4—电机；
5—联轴器；6—轴；7—轴承；8—偏心块；
9—壳体；10—翅片；11—轴承；
12—头部；13—水管

实，达到要求的密实度后，提升振冲器。反复重复上述操作，如此直至地面，使地基中形成一根大直径的密实桩体，称为碎石桩。

其施工程序如图 5-10 所示。

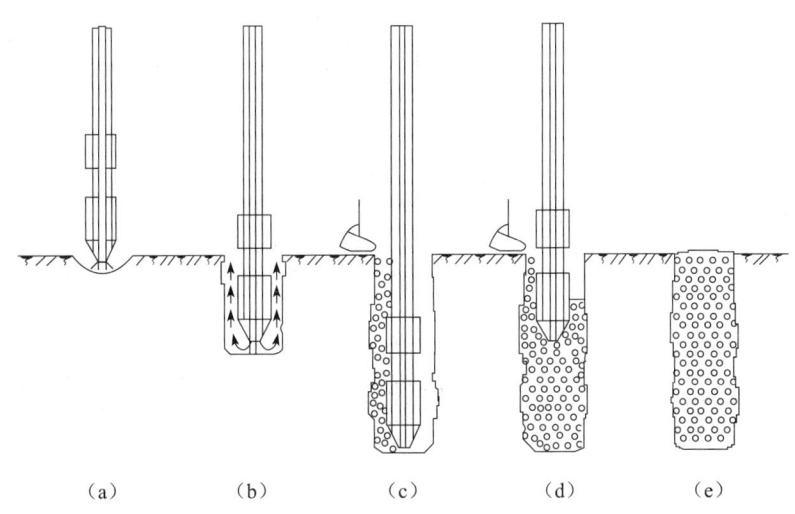

图 5-10 振冲法施工程序示意

(a) 定位；(b) 振冲下沉；(c) 振冲至设计深度后开始填料；(d) 边下料、边振动、边上提制桩；(e) 成桩

2. 振冲密实法加固机理

由于振冲法在砂土和黏性土地基中的作用机理不同，振冲法又分为振冲置换法和振冲密实法两类。

振冲密实法适用于处理松砂地基。振冲时，因振动力强大，振冲器周围一定范围内的饱和砂土发生液化。液化后的土粒在自重、上覆土层压力以及碎石挤压力作用下重新排列，土因孔隙体积减少而得到密实，因此提高了地基承载力，减少了沉降。另一方面，由于预先经历了人工液化，砂土抗地震液化能力也得到提高；同时，已形成的碎石桩，作为良好的排水通道，可使地震时产生的孔隙水压力迅速消散。因此，振冲密实法的加固机理就是振动密实和振动液化。应注意的是，根据砂土性质不同，振冲密实中也可不加碎石，仅靠振冲器对砂土振冲挤密即可。

3. 振冲置换法加固机理

振冲法在黏性土地基中起振冲置换作用。因黏性土（特别是饱和黏性土）的透水性较小，在振冲器振动力作用下，孔隙水不易排出，孔隙水压力不易消散，因此，所形成的碎石桩起不到挤密作用。但碎石桩透水性较好又经过了振密，用其置换掉原来的软土后，能与桩周土体形成复合地基。从而使黏性土地基排水能力得到很大改善，加速了地基的排水固结，提高了地基承载力，减少了沉降。

4. 适用范围

振冲法是一种有效的地基处理方法，适用范围较广，可提高地基承载力，减少地基沉降。对于砂土，还能增强地基抗地震液化能力。一般经振冲加固后，地基承载力可提高 1 倍以上。一般振冲置换法适用于处理不排水抗剪强度 ≥20kPa 的黏性土、粉土、饱和黄土和人工填土等地基。振冲密实法适用于处理砂土和粉土地基。不加填料的振冲密实法仅适用于处理黏粒含量<10%的粗砂、中砂地基。

5. 振冲置换法设计要点

(1) 加固范围：振冲法加固范围应根据建筑物的重要性和场地条件确定，通常都大于基础底面面积。对一般地基，在基础外缘宜扩大1~2排桩；对可液化地基，在基础外缘应扩大2~4排桩。

(2) 桩位布置：桩位布置形式有等边三角形、正方形、矩形和等腰三角形四种，如图5-11所示。

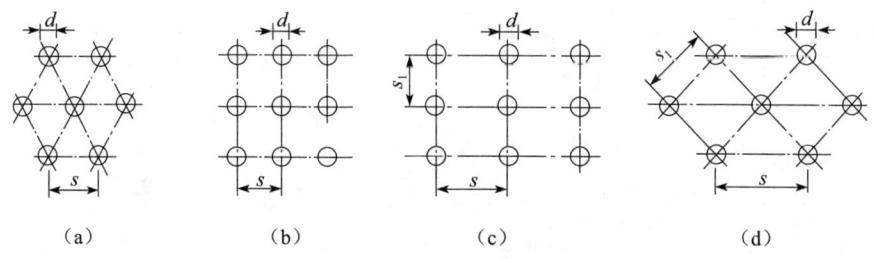

图5-11 桩位布置示意（s、s_1为桩距，d为桩直径）
(a) 等边三角形布置；(b) 正方形布置；(c) 矩形布置；(d) 等腰三角形布置

(3) 桩距：桩的间距应根据上部结构荷载大小和振冲前地基的抗剪强度确定，可采用1.5~2.5m。荷载大或振冲前土的抗剪强度低时，宜取较小间距；反之，宜取较大间距。对桩端未达到相对较硬土层的短桩，应取小间距。

(4) 加固深度：振冲置换法的加固深度，当相对较硬土层的埋藏深度不大时，应按相对硬层埋藏深度确定；当相对硬层的埋藏深度较大时，应按建筑物地基的变形允许值确定。加固深度不宜小于4m。在可液化的地基中，加固深度应按抗震要求确定。

(5) 桩径：桩的直径可按每根桩所用的填料量计算，一般可取为0.8~1.2m。

(6) 填料：振冲桩体所用填料可就地取材，一般采用碎石、卵石、角砾、圆砾等硬质材料。材料的最大粒径应≤80mm。对碎石，常用的粒径为20~50mm。

(7) 垫层：在振冲桩体顶部，由于地基上覆压力小，桩体密实程度较难满足设计要求。因此，振冲施工完毕后，常将桩体顶部1m左右的一段挖去，再铺设200~500mm厚的碎石垫层，垫层本身要压实，然后于其上做基础。

6. 振冲密实法设计要点

(1) 加固范围：振冲密实法加固范围应大于建筑物基础范围。一般在建筑物基础外缘每边应放宽≥5m。

(2) 桩位布置与桩距：振冲点布置宜按等边三角形或正方形布置，对于大面积挤密处理，用等边三角形布置可得到更好的处理效果。振冲孔位的间距与土的颗粒组成、要求达到的密实程度、地下水位、振冲器功率和出水量等因素有关，因此应通过现场试验确定，一般可取为1.8~2.5m。

(3) 加固深度：当可液化土层不厚，振冲深度应穿透整个可液化土层；当可液化土层较厚时，振冲深度应按抗震要求确定。

(4) 填料：振冲密实法桩体填料可用碎石、卵石、角砾、圆砾、砾砂、粗砂、中砂等硬质材料，常用粒径为 5~50mm。填料粒径越粗，挤密效果越好。

5.5 化学加固法

5.5.1 概述

化学加固法系指通过高压喷射、机械搅拌等方法，将各种化学浆液注入土中，浆液与土粒胶结硬化后，形成含化学浆液的加固体，从而改善地基土物理和力学性能，达到加固地基的目的。化学加固法包括灌浆法、高压喷射注浆法、深层搅拌法等。

化学浆液一般分化学类和水泥类两大系列。化学类浆液大部分有毒性，成本较高，建筑工程中较少采用，因此常用水泥类浆液加固地基。

本节主要介绍用水泥浆液加固地基的高压喷射注浆法和深层搅拌法。

5.5.2 高压喷射注浆法

1. 加固机理

高压喷射注浆法，是通过高压喷射的水泥浆与土混合搅拌来加固地基的。首先利用钻机钻孔至设计深度，插入带特殊喷嘴的注浆管，借助高压设备，使水泥浆或水以 20~40MPa 的压强，从喷嘴喷出，冲击破坏土体，然后注浆管边旋转边上提，浆液与土粒充分搅拌混合并凝固后，土中即形成一固结体，从而使地基加固。施工程序如图 5-12 所示。

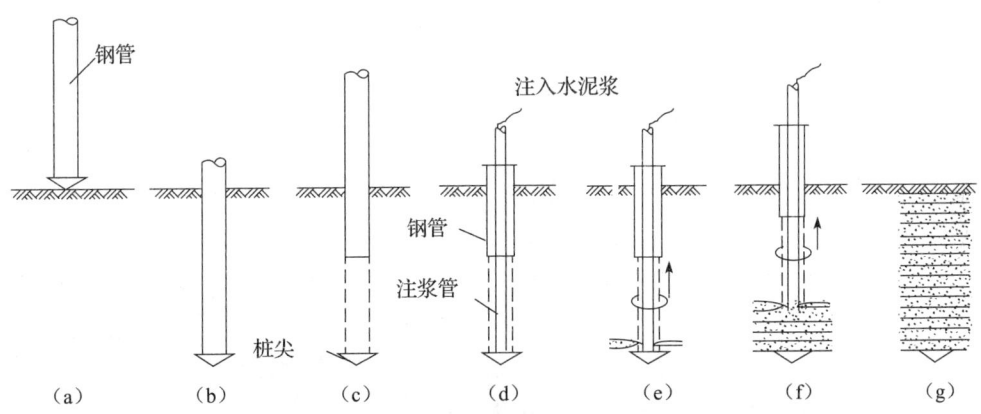

图 5-12 高压喷射注浆法施工程序
(a) 钻机就位；(b) 钻孔至设计深度；(c) 上拔钢管；(d) 插入注浆管；
(e) 喷射注浆；(f) 边旋转边上提注浆管；(g) 形成固结体

2. 适用范围

高压喷射注浆法具有施工简便、操作安全、成本低、既加固地基又防水止渗等优点，广泛应用于已有建筑和新建建筑的地基处理。适用于处理淤泥、淤泥质土、黏性土、粉土、黄土、砂土、人工填土和碎石土等地基。

3. 固结体形状

固结体形状与高压喷射液流作用方向和注浆管移动轨迹有关。当注浆管边上提边做

360°旋转喷射（简称旋喷）时，固结体呈圆柱状；若注浆管提升时仅固定于一个方向喷射（简称定喷），固结体呈墙壁状；当注浆管做摆动方向小于180°的往复喷射（简称摆喷）时，固结体呈扇形状。

在地基加固中，通常采用固结体为圆柱状的旋喷形式，本节以此为主。

4. 高压喷射注浆法分类

高压喷射注浆法，按注浆管类型不同分为：单管法、二重管法和三重管法三种。

（1）单管法：即单管旋喷注浆法，是利用钻机将只能喷射一种材料的单注浆管置于土中设计深度后，借助高压泥浆泵产生20~40MPa的压力，使水泥浆从喷嘴喷出，冲击破坏土体，随着注浆管的旋转和提升，浆液与土粒搅拌混合，并凝固成固结体来加固地基，固结体直径一般在0.3~0.8m之间，如图5-13所示。

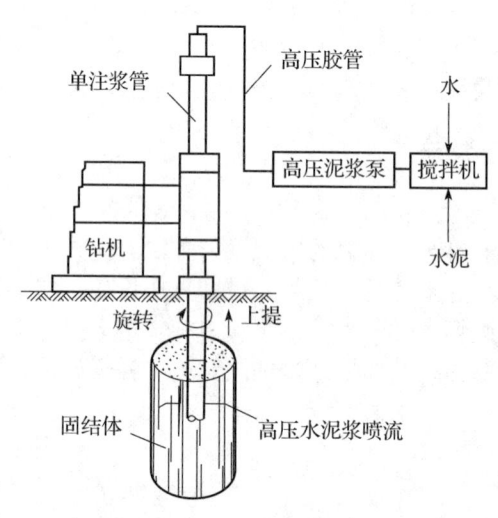

图5-13 单管喷射注浆法示意

（2）二重管法：又称浆液、气体喷射法。二重管法所用注浆管为具有双通道的二重注浆管。管内每一通道只传送一种介质，外通道与空压机相连，传送压缩空气；内通道与高压泥浆泵连接，传送水泥浆。管底侧面带有同轴的内、外两个喷嘴，可分别喷射水泥浆和压缩空气。

当二重注浆管钻进到土层设计深度后，通过高压泥浆泵和空压机，使位于管底侧面的同轴双重喷嘴，同时喷射出20MPa的水泥浆和0.7MPa的压缩空气两种介质的复合喷射流，冲击破坏土体。因压缩空气裹于水泥浆外侧，喷射流冲击破坏土体的能量显著增大，随着注浆管边喷射边旋转提升，最后在土中形成的圆柱状固结体直径，明显大于单管法，一般在1m左右，如图5-14所示。

（3）三重管法：三重管法使用分别传送高压水、压缩空气和水泥浆三种介质的三重注浆管。传送水、气、浆的通道分别与高压水泵、空压机和泥浆泵相连。管底侧面喷嘴，水、气通道为同轴双重喷嘴，水泥浆通道为单独喷嘴。

三重注浆管钻$A \sim h$层设计深度后，开启高压水泵和空压机，通过管底侧面水、气同轴双重喷嘴，喷射出20MPa水射流外环绕0.7MPa空气流的复合喷射流，冲切破坏土体，土中形成较大空隙，再由泥浆泵在喷头下端喷嘴，注入压力为1~3MPa的水泥浆，于空隙中填充，喷嘴边旋转边提升，最后水泥浆凝固成直径较大的固结体。由于水气复合喷射流的能量大于浆气复合喷射流，三重管法固结体直径大于二重管法，一般为1~2m，如图5-15所示。

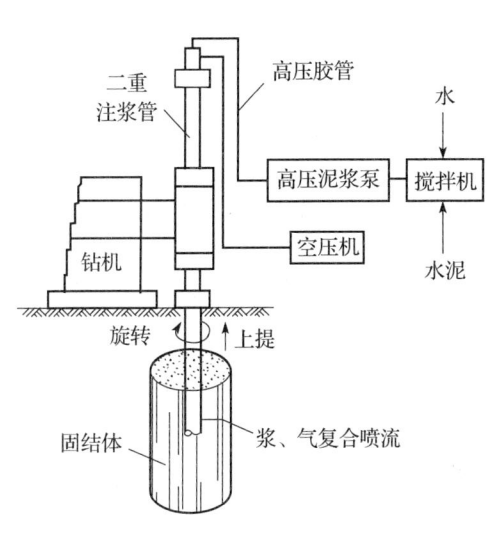

图5-14 二重管喷射注浆法示意

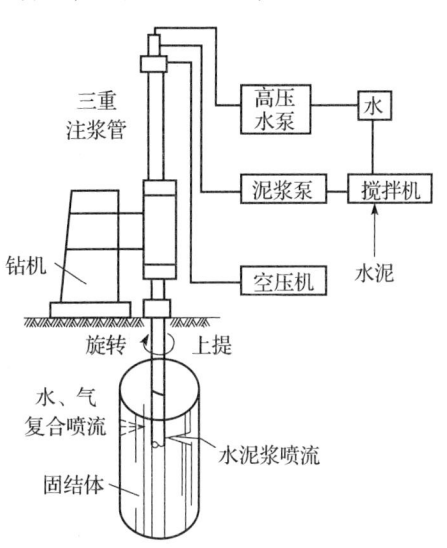

图5-15 三重管喷射注浆法示意

由于喷射能量大小不同，上述三种方法中，三重管法处理深度最深，形成的固结体直径最大；二重管法次之；单管法最小。一般在旋喷时，可采用三种方法中的任何一种。定喷和摆喷时宜用三重管法。

5.5.3 深层搅拌法

1. 加固机理

深层搅拌法系利用水泥粉、石灰粉或水泥浆等材料作为固化剂，通过特制的深层搅拌机械（图5-16），在地基深处就地将软土和固化剂强制拌和，固化剂和软土产生物理化学反应后，硬结成具有整体性、水稳定性和一定强度的水泥土加固体，加固体与原地基组成复合地基，共同承担上部建筑荷载。深层搅拌法施工程序如图5-17所示。

2. 加固体形状

加固体形状有柱状、壁状和块状三种。

（1）柱状：柱状加固体是通过每隔一定距离打设一根搅拌桩形成。一般呈正方形或等边三角形布置。适用于单层工业厂房独立柱基础和多层房屋条形基础下的地基加固。

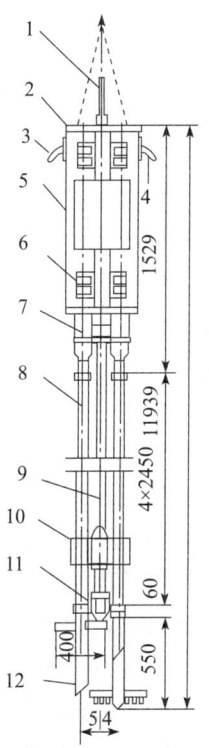

图5-16 SJB-1型深层搅拌机
1—输浆管；2—外壳；3—出水口；4—进水口；
5—电动机；6—导向滑块；7—减速器；8—搅拌轴；
9—中心管；10—横向系统；
11—球形阀；12—搅拌头

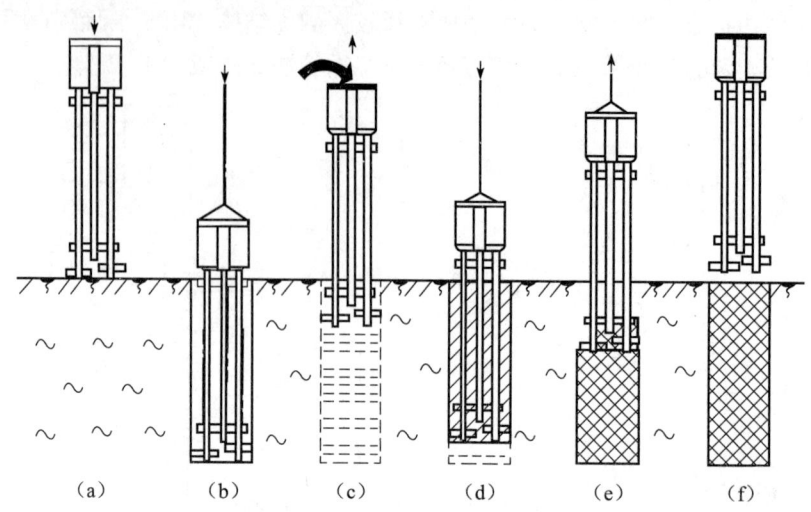

图 5-17 深层搅拌法施工程序
(a) 设备定位、下沉；(b) 预拌、设备下沉到设计深度；(c) 喷浆搅拌上升；
(d) 重复搅拌下沉；(e) 重复搅拌上升；(f) 施工完毕

(2) 壁状：将相邻搅拌桩沿一个方向重叠搭接即形成壁状加固体。适用于深基坑开挖时的软土边坡加固，建筑物长高比较大、刚度较小，且对不均匀沉降比较敏感的多层砖混结构房屋条形基础下的地基加固。

(3) 块状：将相邻搅拌桩沿纵横两个方向重叠搭接即形成块状加固体。适合于上部结构荷载大，对不均匀下沉控制严格的构筑物基础的地基加固。

3. 适用范围

深层搅拌法施工时，无振动和噪声，对相邻建筑物无不良影响，施工工期短，造价低，因此应用较广泛。适用于处理淤泥、淤泥质土、粉土和含水量较高且地基承载力≤120kPa 的黏性土等地基。

5.6 预浸水法

预浸水法是在修建建筑物前预先对湿陷性黄土场地大面积浸水，使土体在饱和自重压力作用下，发生湿陷产生压密，以消除全部黄土层的自重湿陷性和深部土层的外荷湿陷性。上部土层（一般为距地表以下 4~5m 内）仍具有外荷湿陷性，需要作处理预浸水的浸水坑的边长不得小于湿陷性土层的厚度。当浸水坑的面积较大时，可分段进行浸水，浸水坑内水位不应小于 30cm，连续浸水时间以湿陷度变形稳定为准。其稳定标准为最后 5d 的平均湿陷量小于 1mm/d，当处理湿陷性黄土层的厚度大于 20m 时，为最后 5d 的平均湿陷量小于 2mm/d。地基预浸水结束后，在基础施工前应进行补充勘查工作，重新评定地基的湿陷性，并采用垫层法或强夯法等处理上部湿陷性土层。

预浸水法一般适用于湿陷性黄土厚度大、湿陷性强烈的自重湿陷性黄土场地。由于浸水时场地周围地表下沉开裂，并容易造成"跑水"穿洞，影响附近建筑物的安全，所以在空旷的新建地区较为适用。在已建地区采用时，浸水场地与已建建筑物之间要留有足够的安全距离。浸水试坑与已有建筑物的净距：当地基内存在隔水层时，应不小于湿陷性黄土层厚度的3.0倍；当不存在隔水层时，应不小于湿陷性黄土层厚度的1.5倍。此外，还应考虑浸水时对场地附近边坡稳定性的影响。

预浸水法用水量大，工期长。处理 $1m^2$ 面积至少需用水 5t。在一般情况下，一个场地从浸水起至下沉稳定以及土的含水量降低到一定要求时所需的时间，至少需要一年。因此，预浸水法只能在具备充足水源，又有较长施工准备时间的条件下才能采用。

浸水场地的面积应根据建筑物的平面尺寸和湿陷性黄土层的厚度确定。

对于平面为矩形的建筑物，浸水场地的宽度不应小于湿陷性黄土层的厚度，并根据建筑物的平面尺寸，沿短边加宽2~4m，沿长边加宽5~8m。对平面为方形或圆形的建筑物，浸水场地的边长或直径应大于湿陷性黄土层的厚度，并按建筑物尺寸外延3~5m。

当浸水场地面积较大时，预浸水应分段进行，每段50m左右。浸水前沿场地四周挖土或修筑土埂，高0.5m，并设置地面标点和深标点。浸水后定期观测标点下沉，至下沉稳定为止。

自重湿陷性黄土场地一般土质疏松，而且常有裂缝和孔洞分布，在浸水过程中容易发生"跑水"，给予浸水法施工造成困难，影响处理效果，因此，从一开始注水就仔细观察，如发现有裂隙或孔洞"跑水"现象，需及时填土堵塞。浸水初期，水位不宜过高，待周围地表形成环形裂缝时再将水位适当提高，"跑水"一般发生在开始浸水的时候，在第一周内要加强观察。"跑水"严重时要停止浸水，以便处理。

思考题

1. 简述黄土地区防护距离的计算规定。
2. 简述黄土地区的建筑设计要求。
3. 简述黄土地区的给排水设计要求。
4. 简述湿陷性黄土地基处理的方法。

第6章 黄土工程实例

本章主要介绍我国西北地区黄土工程有关的实际工程，其中包括基坑、边坡以及强夯法进行地基处理等工程实例，对其案例设计方案以及当地区域黄土特点进行较为详细的阐述，为其他工程实践提供一定的借鉴。

6.1 西北某高大黄土边坡框架锚杆支护结构设计方案

6.1.1 工程概况

该边坡位于兰州市七里河区某家属院新建公寓南侧空旷场地，为单级边坡。边坡为甲子山底部边坡，地势相对较高，但比较平坦，边坡由西侧向东侧延伸，边坡高度变化较大。边坡总长约357m，支护高度为6.5~12m，边坡支护范围内均为黄土，边坡土体参数详见表6-1。

表6-1 边坡土体参数

土层名称	土层厚度 z (m)	重度 γ (kN/m³)	黏聚力 c (kPa)	内摩擦角 φ (°)	界面粘结强度 τ (kPa)
黄土	>30	16.8	11.8	24.7	50

6.1.2 地质环境条件

1. 气象水文条件

根据多年资料统计，该地区多年平均气温9.0℃，极端最高和最低气温分别为39.1℃和-23.1℃。年平均降水量316.7mm，年平均蒸发量1399mm。区内最大冻土深度103.0cm，属季节性冻土，时间为11月至翌年3月。支护区域内地下水主要分布在卵石层中，属第四系松散岩类孔隙潜水，地下水位在地表80m以下，可不考虑地下水对边坡稳定性的影响。

2. 地形地貌

边坡地处黄河南岸Ⅳ级阶地后缘，地势南高北低，最高点海拔为1620m，最低点海拔为1580m。区内地形起伏大，相对高差40m。地貌为侵蚀堆积河谷平原类型。由河谷Ⅳ级阶地构成，地形相对平坦，阶面平坦宽阔，属内叠阶地。

3. 地层岩性

边坡区域内地层主要为第四系上更新统马兰黄土、黄土状粉土及卵石，具体如下：

（1）第四系上更新统马兰黄土（Q_3^{2col}）：广泛分布于边坡区域内，岩性为浅黄色粉土，疏松，质地均匀，具大孔隙，垂直节理发育，干燥-稍湿，具有强自重湿陷性。厚度一般为20~30m。

(2) 上更新统冲洪积物（Q_3^{1al+pl}）：埋藏于马兰黄土之下，在Ⅳ级阶地前缘陡坎均有出露，其岩性上部为黄土状粉土，具层理，夹薄层粉质黏土及中、细砂层，下部主要由卵石组成，灰-青灰色，粒径一般为20~40mm，分选较差，磨圆度较好，颗粒形状以次圆状为主，有泥沙充填，较松散。厚度一般为15m。

(3) 人工填土（Q_4^{ml}）：分布于拟建场地表层及边坡底部周边沟道内，主要以褐黄色黄土状粉土为主，含少量碎石、砖块及建筑垃圾等杂填土，为近期人工填土，厚度约为2.0~3.0m。

4. 地震作用

边坡处于青藏高原东北部地震区的天水-兰州-河西走廊地震带，其地震烈度为Ⅷ度区，地震动峰值加速度为0.2g，地震动反应谱特征周期为0.4s。

6.1.3 支护设计方案

拟支护边坡北侧为拟建教师公寓住宅，综合考虑边坡的永久性、安全性、立面美观及和周围环境的协调，采用框架预应力锚杆支护结构对山坡坡脚一定高度范围内进行支护加固。坡脚地形变化幅度较大，整个支护范围内支护高度随山坡走势而变化，支护结构倾角统一为10°，边坡支护范围详细情况如图6-1所示。根据边坡的高度及破坏后果由《建筑边坡工程技术规范》（GB 50330）确定边坡安全等级为一级，安全系数取1.0。

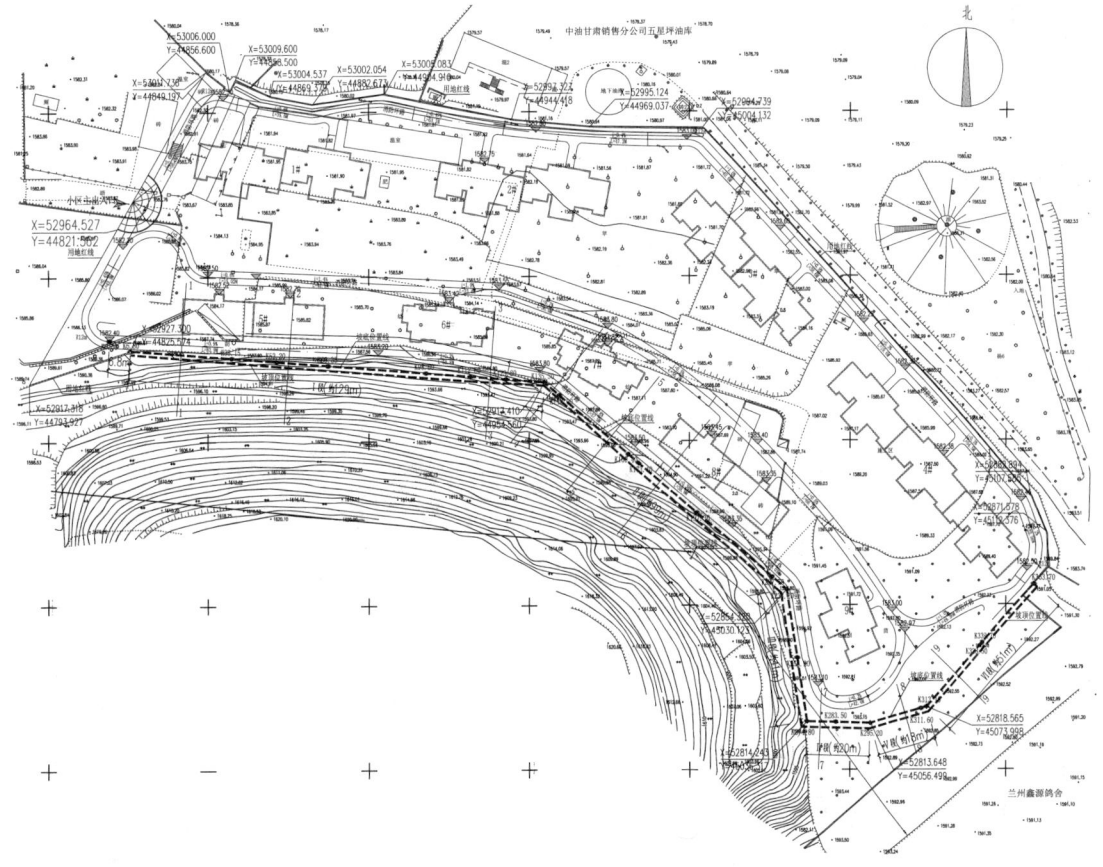

图6-1 边坡支护平面

1. 支护方案选取背景

（1）由于人工削坡高度在 6.5~12m 之间，坡度约 80°，根据黄土边坡支护高度的优化设计方案，选择框架预应力锚杆支护结构，既安全又经济；

（2）框架预应力锚杆支护结构基础采用短桩基础，可以保证上部框架预应力锚杆结构由于黄土湿陷时不至于产生不均匀沉降；

（3）坡底钢筋混凝土散水主要是防止边坡雨水流到坡底，进而浸蚀基础，保证雨水有效地排到道路的雨水收集管沟。

2. 支护结构

边坡采用框架预应力锚杆挡墙原位加固，支护结构体系主要由钢筋混凝土横梁、立柱、预应力锚杆、桩四大部分组成。支护结构剖面（以最高支护结构为例）如图 6-2 所示。

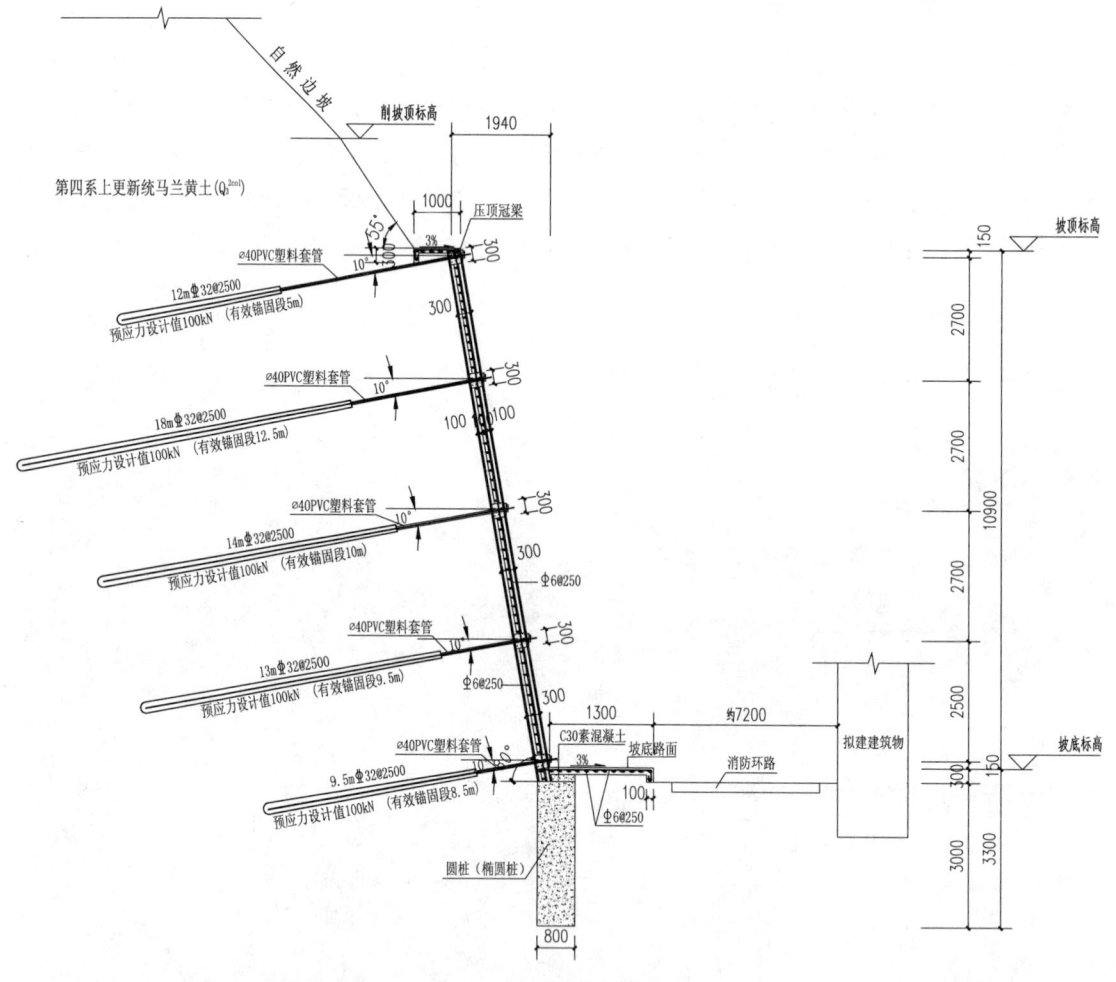

图 6-2 边坡支护结构剖面

6.1.4 锚杆计算原理

锚杆的设计包括锚杆的布置、拉杆选材、锚杆结构参数的计算等。

1. 锚杆的布置

锚杆的布置直接涉及锚杆挡土墙墙面构件和锚杆本身设计的可行性和经济性，包括确定锚杆层数、水平垂直间距和锚杆的倾角等。锚杆的层数取决于支护结构的高度和上部所承受的荷载。一般上、下排垂直间距不宜小于 2.5m；锚杆的水平间距取决于支护结构的荷载和每根锚杆所能承受的拉力，为防止群锚效应，一般锚杆水平间距不得小于 2.0m。锚杆倾角的确定是锚杆设计的重要内容，从受力角度考虑锚杆倾角越小越好；另一方面锚杆要求锚固在稳定地层上，以提高其承载力，而一般稳定土层较深，这就要求倾角大些好。因此要求综合考虑所有因素以确定倾角，一般锚杆倾角应取 15°~35°。

2. 锚杆选材

锚杆所用钢筋可采用 HRB335 级或 HRB400 级钢筋或锚索，还可采用高强钢绞线。钢筋锚杆宜采用螺纹钢，直径一般应为 18~36mm。锚杆应尽量采用单根钢筋，如果单根不能满足拉力需要，也可采用两根钢筋共同组成单根锚杆，但每根锚杆中的钢筋数不宜多于 3 根。

3. 锚杆结构参数的计算

求出锚杆所承受拉力的水平分力 T 后就可进行锚杆结构参数的计算。

4. 锚杆自由段长度与锚固段长度

锚杆由自由段和锚固段组成。自由段不提供抗拔力，其长度 L_f 应根据边坡滑裂面的实际距离确定，对于倾斜锚杆，自由段长度应超过破裂面 1.0m 以上。锚杆的有效锚固段提供锚固力，其长度 L_e 应按锚杆承载力的要求，根据锚固段所处地层和锚杆类型确定，除了满足稳定性的要求外，其最小长度不宜小于 4.0m，但也不宜大于 10.0m，锚杆的计算简图如图 6-3 所示。

（1）锚固段长度采用下式计算

$$L_{ej} = \frac{T_j \cdot K}{\cos\alpha_j \pi D \tau} \quad (6-1)$$

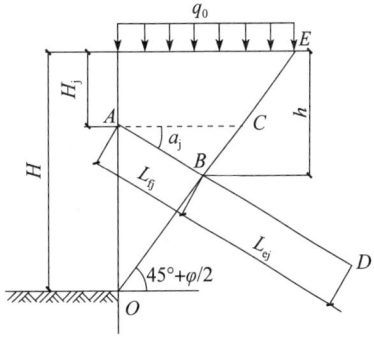

图 6-3 锚杆的计算简图

式中，L_{ej} 为第 j 根锚杆锚固段的长度（m）；T_j 为支护结构传递给第 j 根锚杆的水平力（kN）；α_j 为第 j 根锚杆的倾角（°）；τ 为锚固体周围土体的抗剪强度（kPa）；K 为安全分项系数，一般取 $K=1.6~2.6$；D 为锚杆锚固体的直径（m）。D 的确定方法如下：当钻孔直径为 d_0 时，采用一次灌注 $D=1.2d_0$；若采用一次灌注，第二次压力注浆 $D=1.5d_0$。钻孔直径不宜小于 50mm，且不宜大于 150mm。

对于粘结型锚杆，还需按下式验算锚杆与粘结料间的容许粘结力：

$$L_{ej} = \frac{T_j \cdot K}{\cos\alpha_j n \pi d_s \beta \tau_b} \quad (6-2)$$

式中，n 为锚杆钢筋的根数；d_s 为锚杆钢筋的直径（m）；τ_b 为粘结料与锚杆间的粘结强度（kPa）；β 为成束钢筋系数，对单根钢筋 $\beta=1.0$，两根一束的钢筋 $\beta=0.85$，三根一束的钢筋 $\beta=0.7$。

当按极限状态法设计时，有效锚固长度也按式（6-1）计算，但应该用分项系数 γ_p 代替式中的安全系数 K，并取 $\gamma_p=2.5$。

(2) 自由段长度

如图6-3所示，OE为破裂面，AB为自由段，其长度为L_f，L_f值推导过程如下：

$$\overline{AC} = \overline{AO}\tan(45° - \varphi/2) \tag{6-3}$$

$$\angle ACB = 45° + \varphi/2 \tag{6-4}$$

$$\angle ABC = 180° - (45° + \varphi/2) - \alpha_j \tag{6-5}$$

由正弦定理得

$$\frac{\overline{AC}}{\sin\angle ABC} = \frac{\overline{AB}}{\sin(45° + \varphi/2)} \tag{6-6}$$

所以

$$\overline{AB} = \frac{\overline{AC}\sin(45° + \varphi/2)}{\sin(135° - \varphi/2 - \alpha_j)} = \frac{\overline{AO}\tan(45° - \varphi/2)\sin(45° + \varphi/2)}{\sin(135° - \varphi/2 - \alpha_j)} \tag{6-7}$$

即

$$L_{fj} = \frac{(H - H_j)\tan(45° - \varphi/2)\sin(45° + \varphi/2)}{\sin(135° - \varphi/2 - \alpha_j)} \tag{6-8}$$

则锚杆长度为：

$$L = L_{ej} + L_{fj} \tag{6-9}$$

式中，L_{fj}为第j根锚杆自由段的长度（m）；H为挡土墙的高度（m）；H_j为第j根锚杆与挡土墙顶部的距离（m）；φ为土体的内摩擦角（°）。

5. 截面设计

锚杆截面设计主要是确定锚杆的截面面积。作用于墙身上的土体的侧压力由锚杆承受，锚杆为轴心受拉构件。

钢筋按容许应力法设计时，当求得第j根锚杆拉力的水平分力T_j后，第j根锚杆的有效截面积A_{sj}为：

$$A_{sj} = \frac{T_j K}{f_y \cos\alpha_j} \tag{6-10}$$

式中，f_y钢筋抗拉设计强度设计值；K为锚杆的安全分项系数，取值见表6-2。

表6-2 锚杆安全分项系数 K

危害轻微		危害较大		危害很大	
临时	永久	临时	永久	临时	永久
1.4	1.8	1.6	2.0	1.8	2.2

按极限状态法设计时，锚杆截面应满足下式要求：

$$\frac{\gamma_0 \gamma_{Q1} T_j}{\cos\alpha_j} > \frac{A_{sj} f_{yk}}{\gamma_k} \tag{6-11}$$

式中，γ_0为支挡结构的重要性系数；γ_{Q1}为荷载分项系数；A_{sj}为锚杆净截面面积（mm²）；f_{yk}为钢筋强度标准值；γ_k为抗力安全系数，取$\gamma_k = 1.4$。

锚杆钢筋直径除了满足强度要求外，尚需增加2mm防锈安全储备。为防止钢筋锈蚀，还需验算水泥砂浆（或混凝土）的裂缝，其值不应超过容许宽度（取 0.22mm）。

钢绞线计算：

$$n_j = \frac{T'_j K}{\cos\alpha_j A_{sj} f_y} \tag{6-12}$$

式中，n_j 为第 j 根钢绞线的束数；A_{sj} 为每束钢绞线的截面面积（mm²）。

6.1.5 框架结构计算原理

框架预应力锚杆挡土墙结构主要由挡土板、立柱、横梁组成，三者整体连接形成类似楼盖的竖向梁板结构体系。框架预应力锚杆挡土墙结构设计计算主要包括以下几个方面。

1. 挡土板计算

通常情况下，立柱间距和横梁间距相近，挡土板的计算可按照双向板结构计算。按支撑情况有两种计算方法：一种是三边固定，一边简支；另一种是四边固定。但是，框架预应力锚杆挡土墙区格划分相对楼盖较小，且挡土板的设计在框架预应力锚杆挡土墙中属于次要因素。所以，实际计算时按构造设定挡土板的厚度及配筋即可满足设计要求。

2. 立柱和横梁计算

框架预应力锚杆挡土墙结构的受力状态类似于楼盖设计中的梁板结构体系，在施工时采用逆作法施工，从上到下，立柱、横梁和挡土板现浇构成一个整体。在对整体结构进行设计计算时，根据立柱和横梁上作用的荷载将整个结构划分为立柱计算单元和横梁计算单元，然后将立柱和横梁分别按各自的计算简图单独计算。立柱、横梁单元划分如图 6-4 所示。图中 S_x 为立柱间距，一般按均匀布置；S_y 为横梁间距，根据锚杆位置可任意布置；η_1 为立柱计算系数；η_2 为横梁计算系数，一般取 0.75。

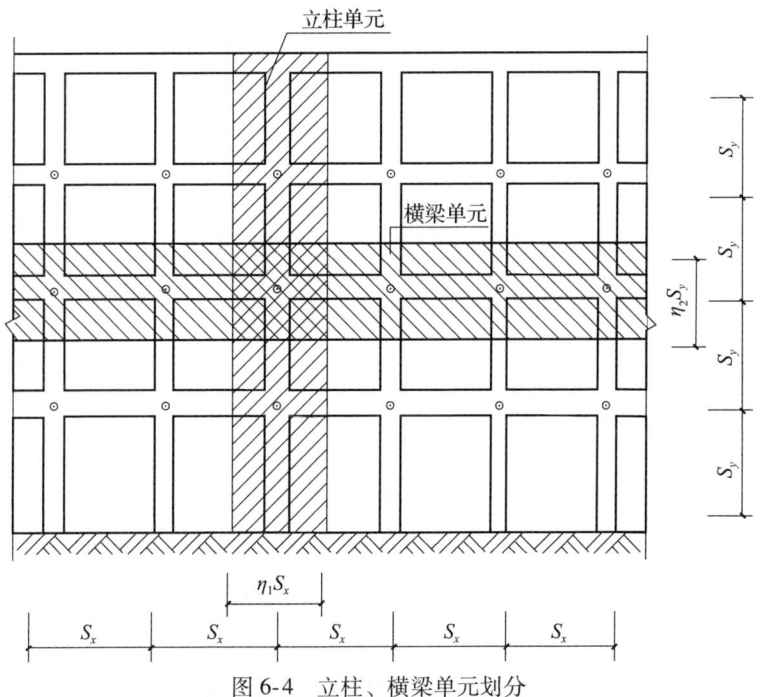

图 6-4 立柱、横梁单元划分

（1）立柱计算

根据以上立柱单元的划分及受力状况，将立柱按多跨连续梁计算，立柱计算简图如图 6-5 所示。图中，q_1 为立柱上作用荷载，$q_1 = n_1 e_{hk} S_x$。

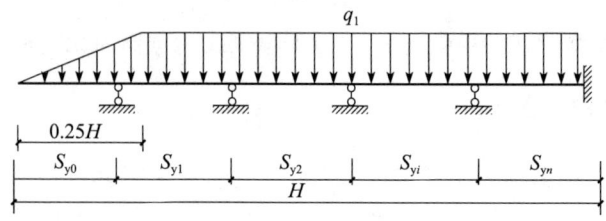

图 6-5 立柱的计算简图

多跨连续梁属于超静定结构，通过矩阵位移法对立柱进行计算。便于建立矩阵位移法求解模型，对立柱计算简图进行等效：将立柱悬挑部分等效为等效力偶作用，将荷载突变点位置从 $0.25H$ 处移至 S_{y0} 处，q_1 的大小不变，如图 6-6 所示。图中 M_e 按下式计算：

$$M_e = \frac{2q_1 S_{y0}^3}{3H} \tag{6-13}$$

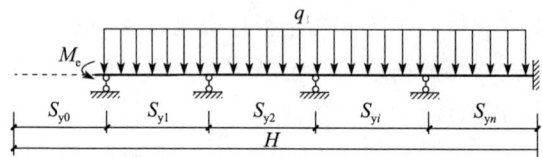

图 6-6 立柱计算的等效简图

根据图 6-6 所示的图形，由矩阵位移法求解多跨连续梁。主要步骤为形成连续梁整体刚度矩阵、求等效荷载、建立位移法基本方程、求解内力。结点位移编码及单元编码如图 6-7 所示。

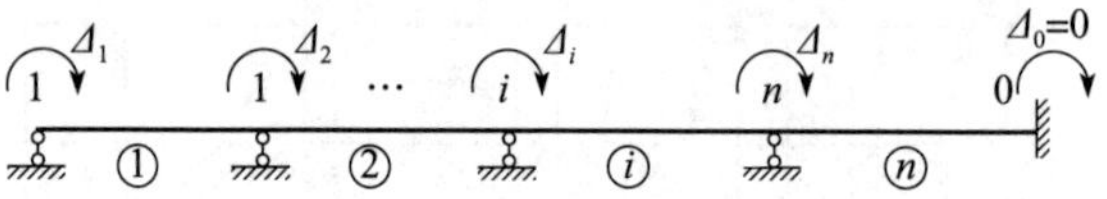

图 6-7 节点位移编码及单元编码

① 整体刚度矩阵

按照单元集成法形成整体刚度矩阵如下：

$$[K] = \begin{bmatrix} 4i_1 & 2i_1 & & & & \\ 2i_1 & 4i_1+4i_2 & 2i_2 & & & \\ & 2i_2 & \cdots & \cdots & & \\ & & \cdots & 4i_{i-1}+4i_i & 2i_1 & \\ & & & 2i_1 & 4i_i+4i_n \end{bmatrix} \tag{6-14}$$

式中，i_i 为 i 梁单元的线刚性；$[K]$ 为整体刚度矩阵。

②等节点荷载

将梁上部的荷载换成与之等效的节点荷载，等效的原则是要求这两种荷载在基本体系中产生相同的节点约束力，如下式所示：

$$\{P\} = -\{F_p\} \tag{6-15}$$

式中，$\{P\}$ 为等效节点荷载；$\{F_p\}$ 为原荷载在基本体系中引起的节点约束力。

③位移法基本方程

把整体刚度方程中的节点约束力 $\{F\}$ 换成等效节点荷载 $\{P\}$，即得到位移法基本方程：

$$[K]\{\Delta\} = \{P\} \tag{6-16}$$

④框架结构内力求解

各单元的杆端内力由两部分组成：一是在节点位移被约束住的条件下的杆端内力，即各杆的固端约束力；二是结构在等效荷载作用下的杆端内力。以上两部分叠加即可求得各杆端内力。

根据所求得的结构内力，依据现行《公路钢筋混凝土及预应力混凝土桥涵设计规范》（JTG 3362—2018）进一步可求得立柱截面承载力。

（2）横梁计算

横梁可以看成是以立柱为铰支座的多跨连续梁，并将横梁的计算模型简化为等跨的五跨连续梁进行计算，如图 6-8 所示。

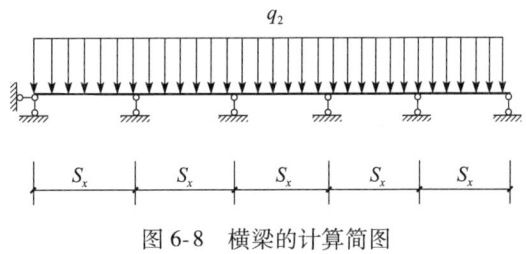

图 6-8 横梁的计算简图

计算各跨跨中、支座截面的弯矩和支座截面的剪力。均布荷载作用下等跨连续梁弯矩和剪力可按下式计算：

$$M = \alpha q_2 l_0^2 \tag{6-17}$$

$$V = \beta q_2 l_n \tag{6-18}$$

式中，α、β 分别为弯矩系数和剪力系数，如图 6-9 所示；S_y 为横梁布置间距；l_0、l_n 为计算跨度和净跨；q_2 为作用在横梁上的均布土压力荷载，$q_2 = e_{hk} n_2 S_y$，其中 e_{hk} 为横梁竖向所在位置的侧向土压力取值。

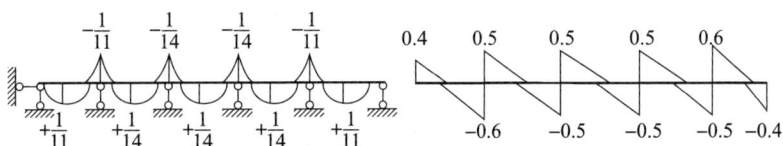

图 6-9 弯矩、剪力系数取值

根据以上求得的结构内力，依据现行《公路钢筋混凝土及预应力混凝土桥涵设计规范》(JTG 3362—2018) 进行相关设计计算。

(3) 基础埋深设计计算

框架预应力锚杆支护结构属于多支点支护结构，计算其基础埋深的方法有二分之一分割法、分段等值梁法、静力平衡法和布鲁姆法。其中，二分之一分割法是将各道支撑之间的距离等分，假定每道支撑承担相邻两个半跨的侧压力，这种方法不精确；分段等值梁法考虑了多支撑支护结构的内力与变形随开挖而变化的情况，计算结果与实际情况吻合较好，但是计算过程复杂；布鲁姆法是将支护结构嵌入部分的被动土压力以一个集中力代替。此处采用静力平衡法，即设定一个埋置深度 H_d（图 6-10），求出相应的被动土压力，以嵌入部分自由端的转动为求解条件，即可求得 H_d。

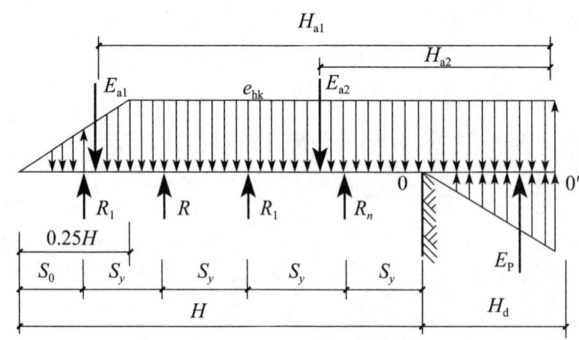

图 6-10 基础埋深计算简图

由 $\sum M'_o \geq 0$ 得：

$$R_1(H - S_0 + H_d) + R_2(H - S_0 - S_y + H_d) + \cdots + R_i[H - S_0 - (i-1)S_y + H_d] + \cdots + R_n[H - S_0 - (n-1)S_y + H_d] + E_p \cdot \frac{1}{3} \cdot H_d - 1.2\gamma_0(E_{a1} \cdot H_{a1} - E_{a2} \cdot H_{a2}) \geq 0$$

(6-19)

整理简化得：

$$\sum_{j=1}^{n} R_j[H - S_0 - (j-1)S_y + H_d] + \frac{1}{3}E_p H_d - 1.2\gamma_0 \sum_{i=1}^{2}(E_{ai} H_{ai}) \qquad (6\text{-}20)$$

式中，R_i 为第 i 排锚杆的轴向拉力的水平分力；E_p 为嵌入部分的被动土压力，$E_p = 0.25\gamma \cdot K_p \cdot S_x \cdot H_d^2$；$\gamma_0$ 为支护结构的重要性系数；E_{a1} 为主动主压力三角形荷载的合力，$E_{a1} = 0.0625 e_{hk} \cdot H \cdot S_x$；$H_{a1}$ 为主动土压力三角形荷载的合力作用点至嵌入底端的距离，$H_{a1} = (5H+6H_d)/6$；E_{a2} 为主动土压力矩形荷载的合力，$E_{a2} = 0.125 e_{hk} \cdot (3H+4H_d) \cdot S_x$；$H_{a2}$ 为主动土压力矩形荷载的合力作用点至嵌入底端的距离，$H_{a2} = (3H+4H_d)/8$。

6.1.6 边坡稳定性分析

框架预应力锚杆挡土墙结构的整体稳定性应分为两个方面：一是单层锚杆的自身稳定性和框架预应力锚杆的整体抗倾覆稳定性；二是框架预应力锚杆挡土墙整体抗滑移稳定性验算。抗滑移稳定性通常采用通过墙底土层的圆弧滑动面计算，对于具有多层锚杆的支护结构的深层抗滑移稳定性验算，德国学者克朗兹所推荐的方法是图解法，这不利于手算或者计算机求解。

1. 单排锚杆的稳定性和框架预应力锚杆挡土墙的整体抗倾覆稳定性

对于框架预应力锚杆支护结构的稳定问题，应考虑两个方面：

一是单排锚杆的极限平衡问题；二是整个支护结构绕边坡坡脚转动的极限平衡问题，如图 6-11 所示。

（1）单排锚杆的极限平衡稳定性

当 $j=1$ 时

$$R_1 \geqslant \frac{3S_0^2}{2H} S_\mathrm{h} e_\mathrm{hk} \tag{6-21}$$

当 $j \geqslant 2$ 时

$$\sum_{i=1}^{j} R_i \geqslant \frac{3}{32}[8S_0 + 8(j-1)S_\mathrm{v} - H] S_\mathrm{h} e_\mathrm{hk} \tag{6-22}$$

（2）多排锚杆的整体抗倾覆稳定性

由 $\sum M_\mathrm{o}' \geqslant 0$ 得：

$$\sum_{j=1}^{n} R_j [H - S_0 - (j-1)S_\mathrm{v}] - \frac{37}{128} e_\mathrm{hk} S_\mathrm{h} H^2 \geqslant 0 \tag{6-23}$$

2. 框架预应力锚杆挡土墙的整体抗滑移稳定性验算

框架预应力锚杆挡土墙的整体抗滑移稳定性安全系数，现行《建筑边坡工程技术规范》（GB 50330）中规定，对于土质边坡和较大模型的碎裂结构岩质边坡宜采用圆弧滑动法计算，如图 6-12 所示，整体抗滑移稳定性验算采用圆弧滑动简单条分法，在给定滑移面的情况下，稳定性系数 K_s 按下式进行计算：

$$K_\mathrm{s} = \frac{M_\mathrm{R}}{M_\mathrm{T}} \tag{6-24}$$

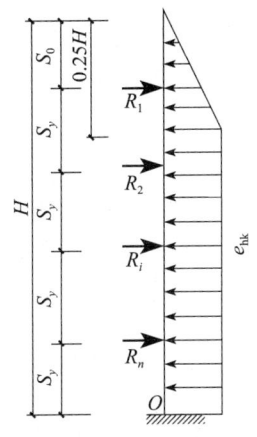

图 6-11 框架预应力锚杆支护结构稳定性计算简图

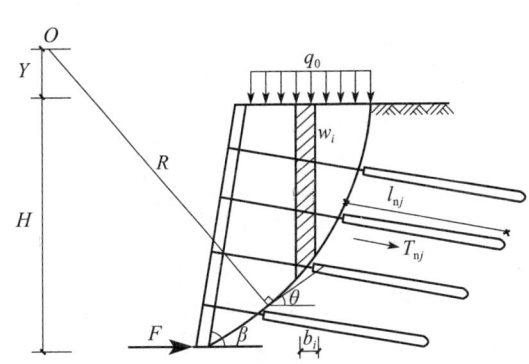

图 6-12 整体抗滑移稳定性验算简图

式中，M_R 为滑动面上抗滑力矩的总和，M_T 为滑动面上总下滑力矩总和，计算公式分别如下：

$$M_R = \left[\sum_{i=1}^{n} c_{ik}L_i s + s\sum_{i=1}^{n}(w_i + q_0 b_i)\cos\theta_i \tan\varphi_{ik}\right] R + \sum_{j=1}^{m} T_{nj} \times \left[\cos(\alpha_j + \theta_j) + \frac{1}{2}\sin(\alpha_j + \theta_j)\tan\varphi_{jk}\right] R + F(Y + H) \quad (6\text{-}25)$$

$$M_T = \left[s\gamma_0 \sum_{i=1}^{n}(w_i + q_0 b_i)\sin\theta_i\right] R \quad (6\text{-}26)$$

式（6-25）和式（6-26）中，n 为滑动体分条数；m 为锚杆的层数；γ_k 为整体滑动分项系数；γ_0 为支护结构重要系数；w_i 为第 i 条带的土重；b_i 为第 i 条带的宽度；c_{ik} 为第 i 条带滑裂面处的黏聚力标准值；φ_{ik} 为第 i 条带滑裂面处的内摩擦角标准值；θ_i 为第 i 条带滑裂面处的切线与水平面的夹角；α_j 为锚杆与水平面间的夹角；L_i 为第 i 条带滑裂面处的弧长；s 为滑动体单元的厚度；R 为滑移面的圆弧半径；F 为框架预应力锚杆底部的水平推力设计值；H 为边坡支护高度；Y 为圆心与地表的距离；T_{nj} 为第 j 层锚杆在圆弧滑裂面外的锚固体与土体的极限抗拉力，可按下式确定：

$$T_{nj} = \pi d_{nj} \sum q_{sik} l_{ni} \quad (6\text{-}27)$$

式中，l_{ni} 为第 j 层锚杆在圆弧滑裂面外穿越第 i 层稳定土体内的长度；$\sum l_{ni}$ 总和为 l_{nj}；l_{nj} 为滑裂面以外锚杆锚固段总长度。

6.1.7 设计计算结果

采用"理正岩土6.0版软件"进行设计计算，并根据规范构造要求，确定支护结构体系相关尺寸，具体如下：

1. 锚杆

根据坡高不同确定锚杆排数，锚杆选用直径为32mm的HRB400级精轧螺纹钢筋，锚具选用JLM-32锚具。锚杆孔孔径130mm，锚杆水平间距2.5m，竖向间距分别为2.5m、2.7m，锚杆与水平面夹角均取10°。锚杆施加预应力，设计值为100kN，预张拉力为设计预应力值的1.05~1.10倍。锚杆灌浆采用M25级水泥浆，不同位置处锚杆自由段与锚固段不同，应分别计算。

2. 横梁、立柱

横梁截面尺寸为300mm×300mm，立柱截面尺寸为300mm×300mm，主筋及箍筋因加固区段的不同而有所变化，混凝土强度等级C30，保护层厚度取30mm，横梁在水平方向相应位置处设置伸缩缝，缝宽100mm。

3. 支护面板及锚头台座

框架横梁中间采用挂网喷射混凝土面板，面板厚度100mm，混凝土强度等级C25。钢筋网片为双向HRB335级Φ6@250×250，并在每一框架格中预留φ50排气孔。

锚头台座为C30钢筋混凝土板，长宽均为200mm，厚度200mm，采用双层配筋HRB335级Φ6@150×150，上、下排间距100mm。

4. 短桩基础

桩径为800mm，桩长统一取为3.0m，桩身混凝土采用C30级，保护层厚度为50mm，桩身纵筋为HRB335级，12Φ14，箍筋为HRB335级，Φ8@200，沿桩身全长布设。

5. 坡底排水

坡底采用100mm厚，1300mm宽钢筋混凝土坡面进行排水，排水坡度为3%。每隔5m设置一道伸缩缝，缝宽20mm，并用沥青麻丝塞填密实。

由以上设计结果指导施工，对边坡进行支护加固，边坡支护加固完成后照片如图6-13所示。

图6-13 边坡支护照片

6.1.8 小结

框架预应力锚杆支护结构受力合理、安全可靠、经济美观，是高大黄土边坡支护加固的一种有效措施，得以广泛的应用和发展。在设计、施工过程中，应根据不同地区黄土的具体性质来确定支护结构的倾角，过大易发生滑坡、崩塌等现象，过小土地资源得不到充分的利用。另外，锚杆锚固段注浆过程需严格控制，确保预应力作用的有效、可靠。

6.2 西北某大厚度黄土深基坑支护结构计算分析

6.2.1 工程概况

该深基坑位于兰州市七里河区兰州理工大学技术工程学院院内南侧，已建4号和5号宿舍楼西侧。拟建综合服务楼建筑面积为14210m²，占地面积为1420m²，呈倒梯形，东西宽19.5~22.0m，南北长61.8m，上部结构为10层框架结构，带一层地下室，基坑开挖深度为7.6m，基坑平面布置图如图6-14所示。基坑开挖范围内主要为填土与黄土状粉土，土体参数详见表6-3。

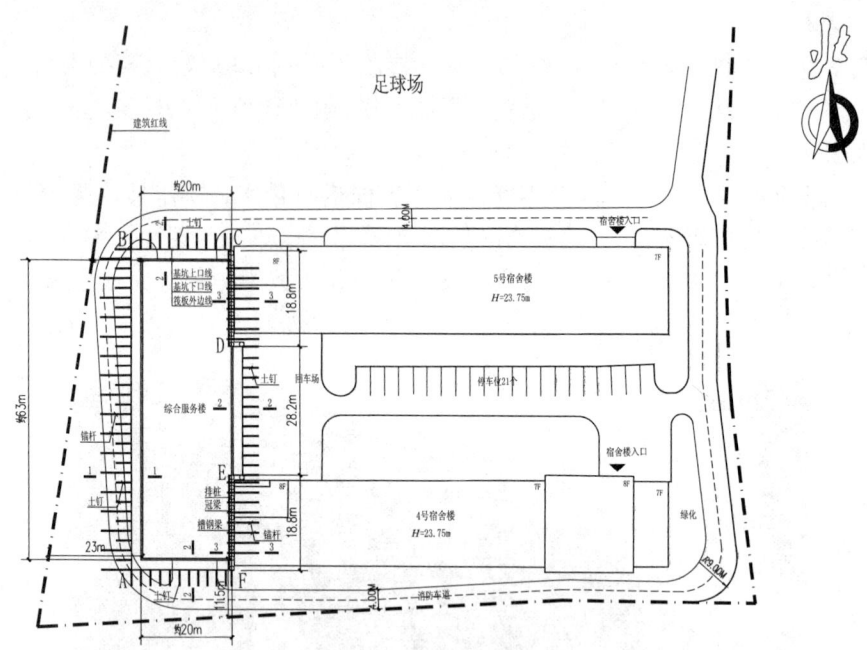

图 6-14 基坑平面布置图

表 6-3 基坑土体参数

土层序号	土层名称	土层厚度 z (m)	重度 γ (kN/m³)	黏聚力 c (kPa)	内摩擦角 φ (°)	界面粘结强度 τ (kPa)
①	填土	2.0	19.0	10.0	20.0	40
②	黄土状粉土②	15.5	16.0	15.0	22.0	60
③	黄土状粉土③	>10	18.0	20.0	25.0	60

6.2.2 地质水文条件

场地内整体地形平坦，地面高程最大值1589.36m，最小值1589.09m，地面相对高差0.27m。从地貌单元上看，场地所处地貌单元属黄河南岸Ⅳ级阶地中后缘。场地内地下水主要为松散岩类孔隙潜水，埋藏较深，基坑支护范围内不存在地下水，主要接受大气降水和地下水侧向径流的补给，地下水自西南向东北径流。

在基坑支护设计高度范围内，场地地层分布主要有填土、黄土状粉土、粉土，自上而下分述如下：

①-1层杂填土（Q_4^{ml}）：主要分布在上部，杂色，土质不均匀。以炉渣、砖瓦碎块及建筑垃圾为主，可见白灰、砂粒，含少量粉土，稍湿，稍密。厚度0.70~2.60m。

①-2素填土：主要分布在下部，黄褐色，稍湿，稍密，以粉土为主，不均匀夹有三七灰土薄层，含少量植物根须和砖瓦碎片。厚度4.60~10.40m，层底标高1577.59~1583.21m。

②层黄土状粉土（Q_4^{pl}）：黄褐色，稍湿，中密。土质不均匀，少量针状孔隙，局部夹有粉质黏土及粉砂团状块体。湿陷系数平均值 $\delta_s=0.033$，具有中等湿陷性。压缩系数平均值 $a_{1-2}=0.26\text{MPa}^{-1}$，属中压缩性土。该层厚度6.50~15.90m，层底埋深18.00~18.30m，层底

标高 1571.06~1571.33m。

③层黄土状粉土（Q_4^{pl}）：黄褐色，稍湿，中密。土质不均匀，孔隙不发育，局部夹有粉质黏土及粉砂团状块体。不具湿陷性。压缩系数平均值 $a_{1-2}=0.11\text{MPa}^{-1}$，属中偏低压缩性土。该层厚度 10.70~12.90m，层底埋深 28.70~31.20m，层底标高为 1558.16~1560.39m。

④层粉土（Q_3^{pl}）：褐黄色，稍湿，中密。土质不均匀，夹有棕红色粉细砂团状块体。属中偏低压缩性土。该层厚度 8.00~10.70m，层底埋深 38.20~40.50m，层底标高为 1548.81~1551.10m。该层中上部不均匀夹 1~2 层洪积碎石薄层。

6.2.3 支护方案的选取

场地内基坑开挖放坡余地较小，在整个基坑范围内均需考虑支护。基坑支护的前提首先必须保证开挖过程的稳定以及对周围原有建筑物、构筑物及地下管线等的保护，同时要考虑支护结构的安全性能和总体造价经济合理。

经过比较分析，针对现场的实际情况，由于基坑东侧存在原有 8 层建筑物（4 号和 5 号学生公寓），基础型式为筏板基础，且拟建建筑物基础设计要求支护结构紧贴原有建筑物筏板基础边缘。基坑西侧有 2~3m 高未支护土坡。因此，根据基坑四周具体荷载情况，分段采用排桩预应力锚杆、复合土钉和土钉进行支护，支护照片如图 6-15 所示。

图 6-15 基坑支护照片

6.2.4 支护结构的计算原理

1. 土钉支护结构计算原理

（1）土钉支护荷载计算

支护结构水平荷载值 e_{ajk} 计算（图 6-16）：

①对于碎石土有砂土

当计算点位于地下水位以上时：

$$e_{ajk} = \sigma_{ajk} K_{ai} - 2c_{ik}\sqrt{K_{ai}} \qquad (6-28)$$

当计算点位于地下水位以下时：

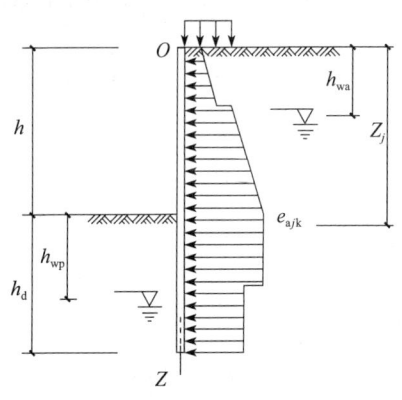

图 6-16 水平荷载标准值计算简图

$$e_{ajk} = \sigma_{ajk}K_{ai} - 2c_{ik}\sqrt{K_{ai}} + [(z_j - h_{wa}) \\ - (m_j - h_{wa})\eta_{wa}K_{ai}]\gamma_w \qquad (6\text{-}29)$$

② 对于粉土及黏性土

$$e_{ajk} = \sigma_{ajk}K_{ai} - 2c_{ik}\sqrt{K_{ai}} \qquad (6\text{-}30)$$

③ 当 e_{ajk} 按以上式计算小于零时，$e_{ajk} = 0$。

(2) 第 i 层土的主动土压力系数 K_{ai} 应按下式确定

$$K_{ai} = \tan^2\left(45° - \frac{\varphi_{ik}}{2}\right) \qquad (6\text{-}31)$$

(3) 基坑外侧竖向应力标准值 σ_{ajk} 可按下列规定计算

$$\sigma_{ajk} = \sigma_{rk} + \sigma_{0k} + \sigma_{1k} \qquad (6\text{-}32)$$

① 计算点处自重竖向应力标准值 σ_{rk}

当计算点位于基坑开挖底面以上时：

$$\sigma_{rk} = \gamma_{mj}z_j \qquad (6\text{-}33)$$

当计算点位于基坑开挖底面以下时：

$$\sigma_{rk} = \gamma_{mh}h \qquad (6\text{-}34)$$

② 任意深度附加竖向应力标准值 σ_{0k}

当支护结构外侧地面作用满布附加荷载 q_0 时（图 6-17）：

$$\sigma_{0k} = q_0 \qquad (6\text{-}35)$$

(4) 任意深度条形荷载附加竖向应力标准值 σ_{1k}

当距支护结构 b_1 外侧，地表作用有宽度为 b_0 的条形附加荷载 q_1 时（图 6-18）：

$$\sigma_{1k} = q_1\frac{b_0}{b_0 + 2b_1} \qquad (6\text{-}36)$$

式中，K_{ai} 为第 i 层的主动土压力系数；σ_{ajk} 为作用于深 z_j 处的竖向应力标准值；c_{ik} 为三轴试验快剪黏聚力标准值；z_j 为计算点深度；m_j 为计算参数，当 $z_j < h$ 时，取 z_j，当 $z_j > h$ 时，取 h；h_{wa} 为基坑外侧水位深度；γ_w 为水的重度；η_{wa} 为计算系数，当 $h_{wa} \leqslant h$ 时，取 1.0，否则取 0；φ_{ik} 为三轴快剪内摩擦角标准值；γ_{mj} 为深度 z_j 以上土的加权平均天然重度；γ_{mh} 为开挖面以上土的加权平均天然重度。

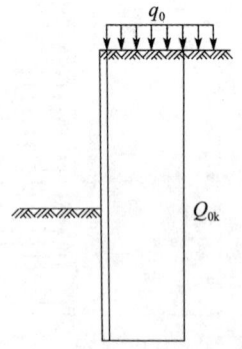

图 6-17 均布附加竖向应力计算简图

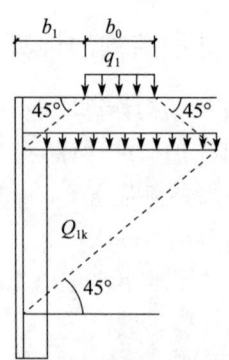

图 6-18 局部荷载附加竖向应力计算简图

2. 土钉设计计算

土钉抗拉承载力计算主要包括以下几个方面：

① 单根土钉受拉荷载标准值

$$T_{jk} = \zeta e_{ajk} s_{xj} s_{zj} / \cos\alpha_j \tag{6-37}$$

$$\zeta = \tan\frac{\beta - \varphi_k}{2}\left[\frac{1}{\tan\frac{\beta + \varphi_k}{2}} - \frac{1}{\tan\beta}\right] \Big/ \tan^2\left(45° - \frac{\varphi}{2}\right) \tag{6-38}$$

式中，ζ 为荷载折减系数；e_{ajk} 为第 j 根土钉位置处水平荷载标准值；s_{xj}、s_{zj} 为第 j 根土钉与相邻土钉的平均水平、垂直间距；α_j 为第 j 根土钉与水平面的夹角；β 为土钉墙坡面与水平面的夹角；φ_k 为内摩擦标准值。

② 对于安全等级为二级的土钉抗拉承载力设计值应按试验确定，安全等级为三级时可按下式计算（图 6-19）：

$$T_{uj} = \frac{1}{\gamma_s}\pi d_{nj} \sum q_{sik} l_i \tag{6-39}$$

式中，γ_s 为土钉抗拉抗力分项系数，取 1.4；d_{nj} 为第 j 根土钉锚固体直径；q_{sik} 为土钉穿越第 i 层土土体与锚固体极限摩阻力标准值，应由现场试验确定；l_i 为第 j 根土钉在直线破裂面外穿越第 i 稳定土体内的长度，破裂面与水平面的夹角为 $(\beta+\varphi_k)/2$。

③ 单根土钉抗拉承载力计算应符合下式要求（图 6-19）：

$$1.25\gamma_0 T_{jk} \leq T_{uj} \tag{6-40}$$

式中，T_{jk} 为第 j 根土钉受拉荷载标准值；T_{uj} 为第 j 根土钉抗拉承载力设计值。

3. 土钉墙整体稳定性验算

（1）建立滑移面搜索模型

两个假定：第一，圆弧上任意点切线与水平面夹角介于 0~90°之间，即是假定圆心出现在直线 OC 右侧和直线 OE 下方的可能性近似为 0；第二，最危险滑移面圆弧通过基坑底面角点 A 处，如图 6-20 所示。

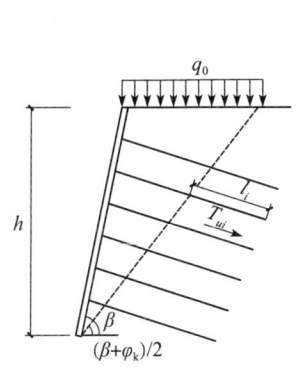

图 6-19 土钉抗拉承载力计算简图

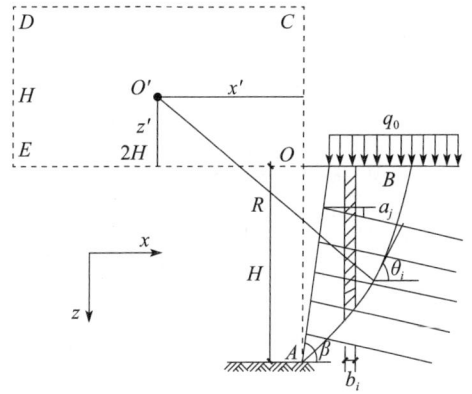

图 6-20 整体稳定性分析简图

（2）建立计算模型

采用圆弧滑动简单条分法进行整体稳定性验算，建立直角坐标系，$O'(-x', -z')$ 为圆心位置，$O(0, 0)$ 为坐标系原点，矩形区域 $OCDE$ 为圆弧圆心 O' 所在的区域。在考虑土钉作用的影响下,圆心位置随着设计参数的变化为动态变化,最危险滑移面的确定必须借助于计算机搜索,以确定圆弧的圆心位置。整体搜索过程中,涉及多个变量的求解,可以方便地建立圆心 O' 其余变量之间的函数关系 $V_{ar}(-x', -z')$,其中关键的变量求解如下:

①圆弧半径

如图 6-20 所示,O' 点处为圆弧滑移面的圆心,O 点为基坑顶面角点,根据第二条假定可知,则圆弧半径为 $O'A$。由此,以 O 点为原点,令 O' 点相对坐标为 $(-x', -z')$,得:

$$R = \sqrt{(x')^2 + (H+z')^2} \tag{6-41}$$

②圆弧上任意点处切线与水平面夹角

如图 6-21 所示,在圆弧上任意点 $M(x_i, z_i)$ 处,切线与水平面夹角为 θ_i,由几何关系可知 θ_i 即为角 $O'MN$,由此得:

$$\sin\theta_i = \frac{x' + x_i}{R} \text{ 或 } \cos\theta_i = \frac{z' + z_i}{R} \tag{6-42}$$

$$\theta = \arcsin\left(\frac{x' + x_i}{R}\right),\text{ 或 } \theta = \arccos\left(\frac{z' + z_i}{R}\right) \tag{6-43}$$

③土钉在圆弧面外穿越土体的长度

如图 6-22 所示,第 j 根土钉与圆弧交点 $C(x_j, z_j+\Delta z_j)$,lf_j 为圆弧内土钉长度,ln_j 为土钉在圆弧外长度,则土钉的总长:

$$l_j = lf_j + ln_j \tag{6-44}$$

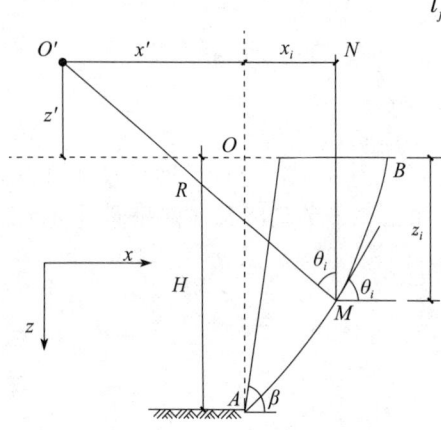

图 6-21 切线与水平面夹角计算

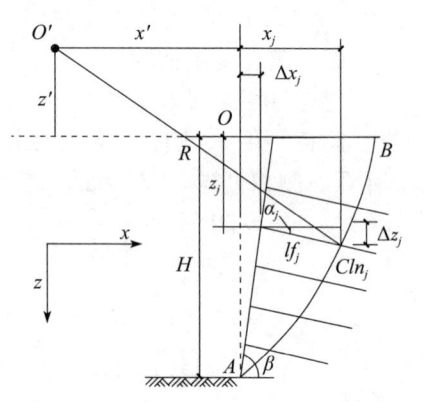

图 6-22 土钉在圆弧面内、外长度

由于 C 点在圆弧上则必有:

$$(x' + x_j)^2 + (z' + z_j + \Delta z_j)^2 = R^2 \tag{6-45}$$

$$x_j = \Delta x_j + lf_j\cos\alpha_j \tag{6-46}$$

$$\Delta x_j = (H - z_j)\tan(90° - \beta) \tag{6-47}$$

$$\Delta z_j = lf_j\sin\alpha_j \tag{6-48}$$

式中,H 为开挖深度;β 为土钉坡面与水平面夹角;z_j 为第 j 根土钉头部到地面的距离;α_j 为第 j 根土钉头与水平面的夹角,均为已知,lf_j 采用迭代的方法,设计定步长 Δlf_j,初始长度设计为 0,则在第 n 次迭代时有:

$$lf_j = n \cdot \Delta lf_j \tag{6-49}$$

由此，联合式（6-45）~式（6-48）代入式（6-44）中，当满足圆弧方程时，可求得土钉在圆弧内长度 lf_j，土钉总长为设计参数，给定后即可由式（6-43）求得 ln_j 为土钉在圆弧外长度。

④第 i 条分土重量

如图 6-23 所示，第 i 条分土重量的计算如下：

$$k = \begin{cases} 1 - (H - x_i/\tan(90° - \beta))/z & (H - x_i/\tan(90° - \beta)) > 0 \\ 1 & (H - x_i/\tan(90° - \beta)) < 0 \end{cases} \quad (6\text{-}50)$$

$$z_i = \sqrt{R^2 - (x' + x_i)^2} - z' \quad (6\text{-}51)$$

$$w_i = kz_i b_i s\gamma \quad (6\text{-}52)$$

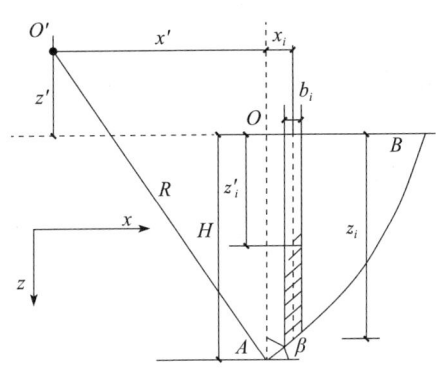

图 6-23　第 i 条分土重量计算简图

式中，k 为在土钉坡面内条分土重量计算系数；z_i 为第 i 条带底部中点至原点竖向距离；x_i 为第 i 条带顶部中点至原点的水平距离；β 为土钉坡面与水平面夹角；b_i 为第 i 条分土宽度；w_i 为第 i 条分土重量。

（3）最危险滑移面确定

通过确定上述的几个关键变量后，则在给定圆心后，可求得该圆弧所对应的安全系数 K，在考虑土钉作用的影响下，计算公式如下：

$$K = \frac{\sum_{i=1}^{n} c_{ik} L_i s + s \sum_{i=1}^{n} (w_i + q_0 b_i)\cos\theta_i \cdot \tan\varphi_{ik}}{s\gamma_0 \sum_{i=1}^{n} (w_i + q_0 \cdot b_i)\sin\theta_i} + \\ \frac{\sum_{j=1}^{m} T_{nj} \times \left[\cos(\alpha_j + \theta_j) + \frac{1}{2}\sin(\alpha_j + \theta_j) \cdot \tan\varphi_{jk}\right]}{s\gamma_0 \sum_{i=1}^{n} (w_i + q_0 \cdot b_i)\sin\theta_i} \quad (6\text{-}53)$$

式中，s 为计算滑动体单元厚度；γ_0 为基坑侧壁重要性系数。

如图 6-20 中所示，矩形 $OCDE$ 为圆心所在区域，利用网格法在区域内给定 $n \times n$ 个圆心（n 为网格划分数），从 $n \times n$ 个圆心中寻找使得安全系数最小者即为最危险滑移面圆心。因此，矩形 $OCDE$ 区域的范围必须足够大，以保证求得最危险滑移面的准确性。通过在程序中动态地调解搜索区域的大小发现，当矩形 $OCDE$ 为 $2H \times H$ 时，在土体参数及开挖深度改变的情况下，搜索得到的圆心都在此区域内部，再扩大搜索范围已无必要；当圆心到达搜索区域边界时，则可动态调节区域大小，使搜索得到的圆心在此区域内部，其位置关系如图 6-20 中所示。

4. 复合土钉支护结构计算原理

复合土钉支护结构计算与土钉支护结构基本一致。

5. 桩锚支护结构计算原理

（1）嵌固深度的确定

国家规范对多支点结构嵌固深度采用圆弧滑动稳定分析方法来确定，如图 6-24 所示，即要求入土段以上土体满足整体稳定要求，但其未考虑支撑力对稳定性的贡献。因此，有时对图 6-25 所示的支护按圆弧滑动法进行分析时则很难满足要求，而实际情况是锚杆对稳定是有贡献的，因而说明规程方法偏保守，有时也不一定符合实际。

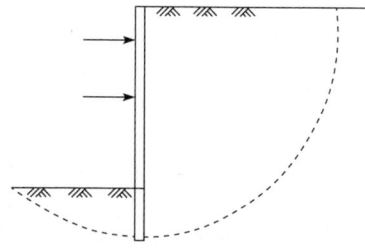

图 6-24 多支点支护结构嵌固深度计算简图

（2）多支点支护结构的弹性支点法

弹性支点法是把支护结构看作为一竖放的弹性地基梁，根据弹性地基梁的变形方程和不同的边界条件分段列出其变形微分方程，如图 6-26 所示。

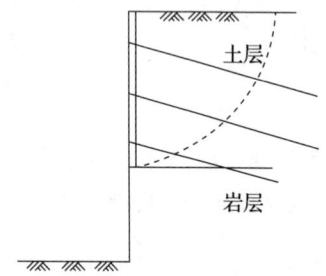

图 6-25 实例计算简图

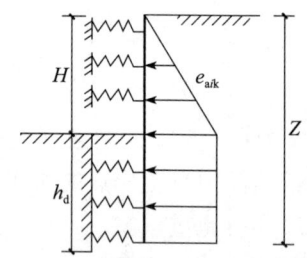

图 6-26 规范计算方法简图

基坑开挖面以上：

$$EI \frac{d^4 y}{dz} - e_{aik} b_s = 0 \qquad (0 \leqslant z \leqslant h_n) \tag{6-54}$$

基坑开挖面以下：

$$EI \frac{d^4 y}{dz} + mb_0(z - h_n)y - e_{aik} b_s = 0 \qquad (z > h_n) \tag{6-55}$$

式中，EI 为支护结构计算宽度的抗弯刚度；y 为水平位移；h_n 为第 n 工况时的基坑深度；b_s 为侧向土压力计算宽度；b_0 为土的抗力计算宽度；m 为地基土水平抗力系数的比例系数。

当地基为分层土时，对不同土层 m 值的不同，都要分别建立方程，由于方程式较多，因此，上述方程求解一般采用杆系有限元方法求解的过程较为复杂。支撑力按下式计算：

$$T_j = k_{Tj}(y_j - y_{0j}) + T_{0j} \tag{6-56}$$

式中，k_{Tj} 为支撑弹簧刚度；y_j 为由以上方法计算得到的支撑 j 处的水平位移；y_{0j} 为支撑 j 处支撑设置前的水平位移；T_{0j} 为支撑预加的轴力。

由于在支撑设置前已产生的位移 y_{0j} 并不使支撑产生轴力，故应该减去。

6.2.5 软件计算过程及设计结果

采用"理正深基坑支护结构设计软件 V6.0"计算软件，依据相关规范，对该深基坑支护结构进行设计计算。

1. 桩锚支护段计算设计结果

根据 6.2.4 节相关计算原理及规范要求，初选构件截面尺寸及材料。

（1）支护桩

桩径 0.8m，间距 2.0m 布设，桩长 13.6m。混凝土为 C30 级，桩身保护层厚度为 50mm。

（2）冠梁

冠梁宽 1.0m，高 0.6m，混凝土为 C30 级。

（3）锚杆

设置两排锚杆，选取锚杆参数见表 6-4。

表 6-4 锚杆参数

锚杆层号	水平间距（m）	竖向间距（m）	倾角（°）	总长（m）	锚固段（m）	预应力（kN）	锚固体直径（mm）
①	1.0	3.0	10.0	15.0	9.0	100.0	150
②	2.0	2.5	10.0	13.0	8.0	100.0	150

（4）超载

超载取值为 80kPa，作用深度为 2.6m，宽度为 10m，距离坑边 0m。

（5）计算模型的建立

将以上初选参数及表 6-4 中土体参数输入软件中，建立计算模型，如图 6-27 所示。

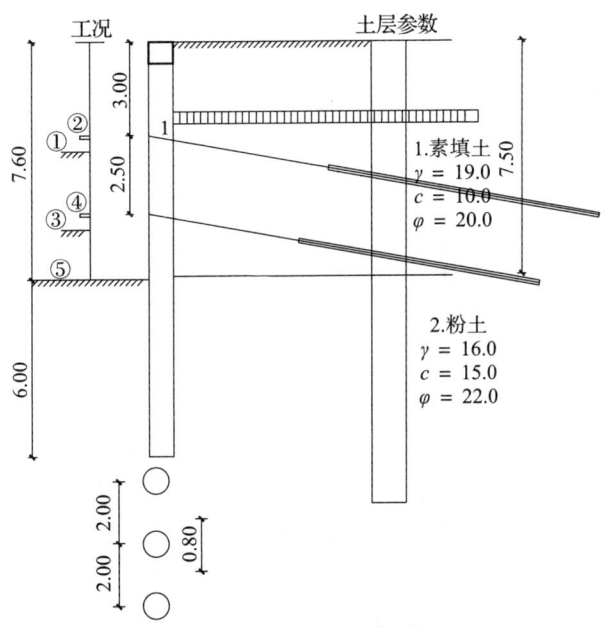

图 6-27 桩锚支护结构计算模型（m）

γ、c、φ 表示土体参数。

（6）计算工况

共分为5个工况，工况1：开挖至3.5m；工况2：在3.0m处加第一排锚杆，并施加预应力；工况3：继续开挖至6.0m；工况4：在5.5m处加第二排锚杆，并施加预应力；工况5：开挖至7.6m，基坑开挖完成。

（7）内力计算结果

如图6-28~图6-32所示。

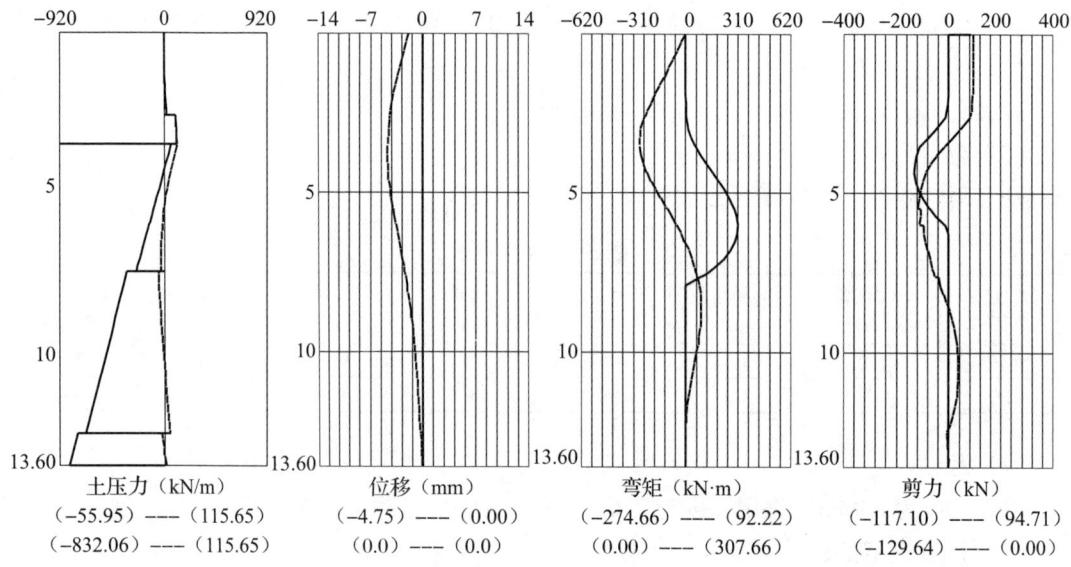

图6-28 工况1计算结果

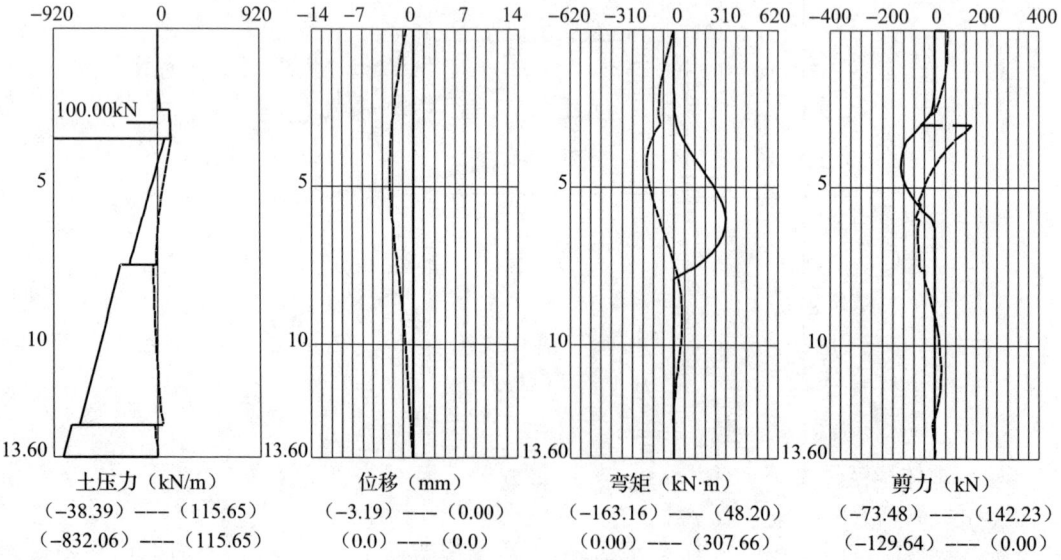

图6-29 工况2计算结果

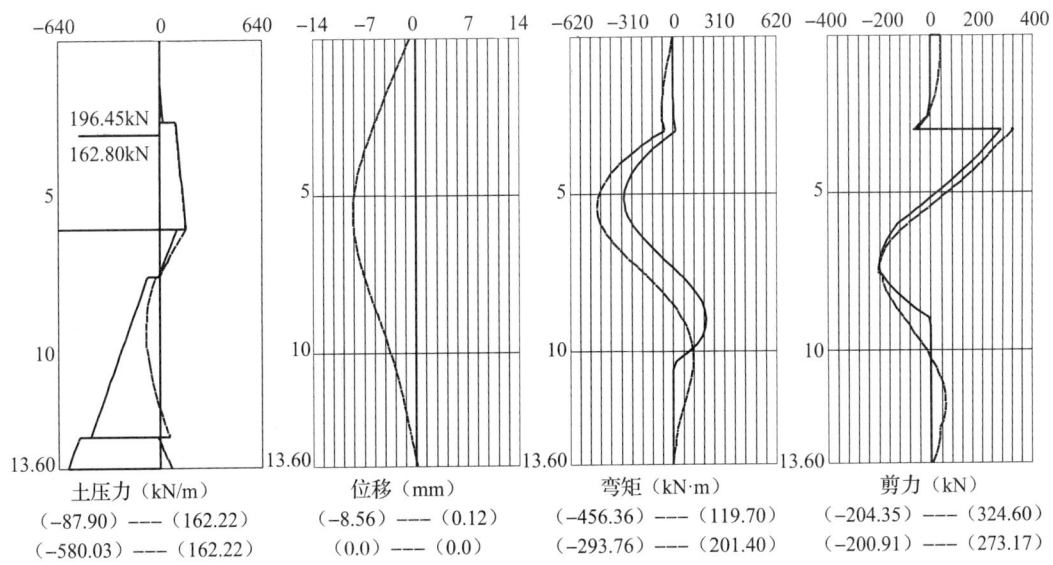

图 6-30 工况 3 计算结果

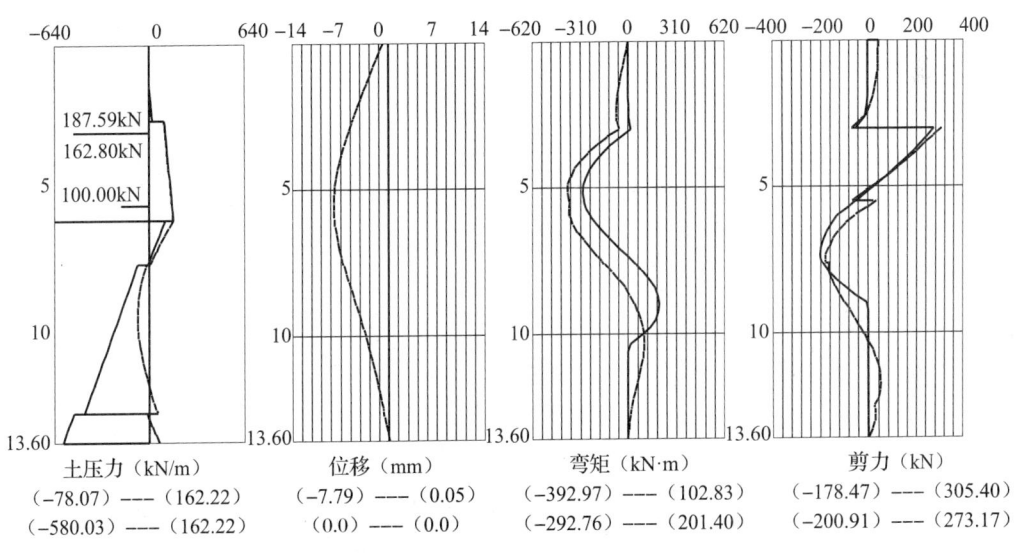

图 6-31 工况 4 计算结果

由以上计算结果，进一步确定桩身纵筋为 HRB335 级，直径为 25mm，共 18 根，箍筋为 HRB335 级，直径为 10mm，间距 150mm。锚杆选用直径为 32mm 的 HRB400 级精轧螺纹钢筋。冠梁纵筋为 HRB335 级，直径为 20mm，共 10 根，上、下各 4 根，两侧各 1 根，箍筋为 HRB335 级，直径为 8mm，间距 150mm。

(8) 整体稳定性验算结果

采用瑞典条分法，土条宽度取为 0.5m，验算桩锚支护结构整体稳定性，简图如图 6-33 所示。求得整体稳定性安全系数 $K_s = 1.362$，大于规范值 1.3。因此，支护结构是安全的，满足规范要求。

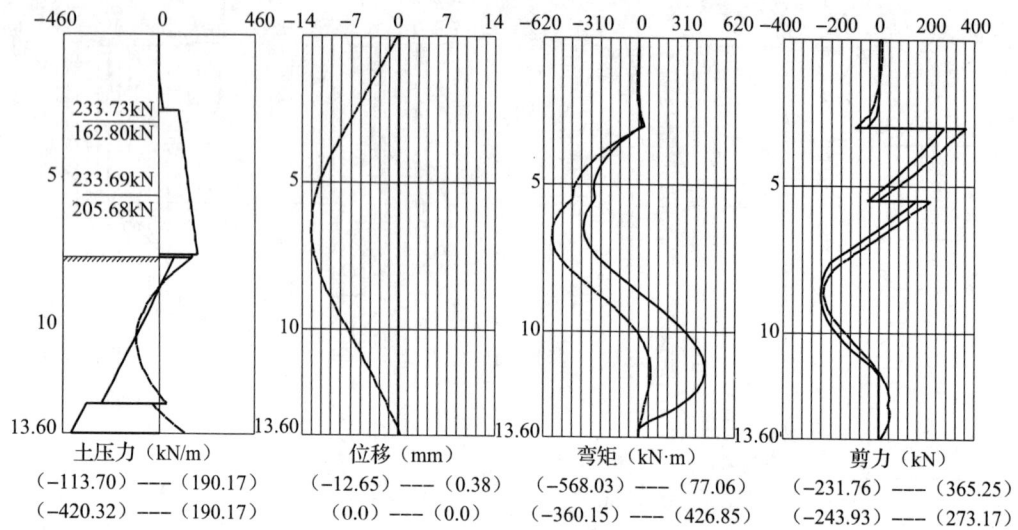

图 6-32 工况 5 计算结果

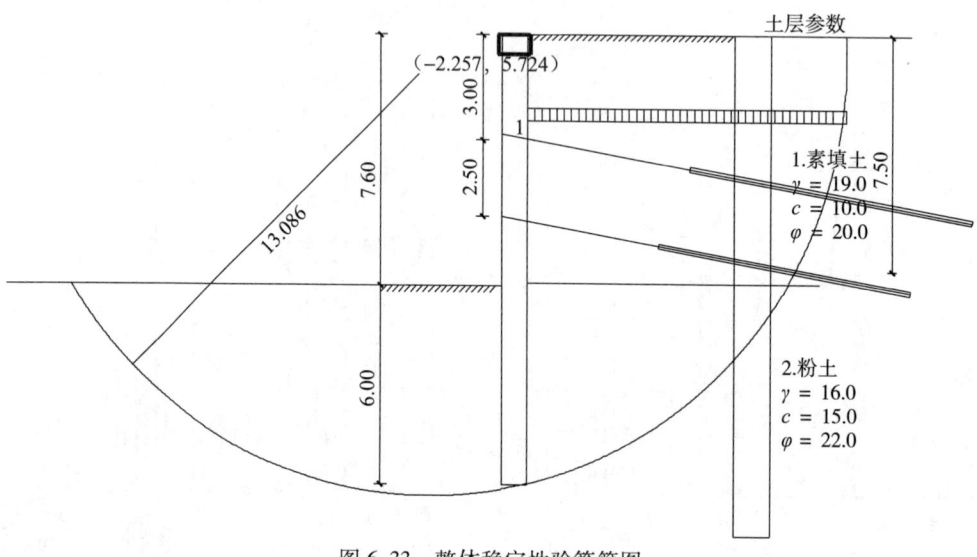

图 6-33 整体稳定性验算简图

2. 复合土钉支护段计算设计结果

根据 6.2.4 节相关计算原理及规范要求，布设土钉及锚杆，详见表 6-5、表 6-6，计算简图如图 6-34 所示。

表 6-5 土钉参数

支护层号	水平间距 (m)	竖向间距 (m)	倾角 (°)	总长 (m)	孔径 (mm)
①	1.4	1.0	10.0	9.0	120
②	1.4	3.0	10.0	7.0	120
③	1.4	1.5	10.0	6.0	120
④	1.4	1.5	10.0	5.0	120

表 6-6 锚杆参数

支护层号	水平间距（m）	竖向间距（m）	倾角（°）	总长（m）	锚固段（m）	预应力（kN）	锚固体直径（mm）
①	2.0	2.5	10.0	12.0	7.0	100.0	150

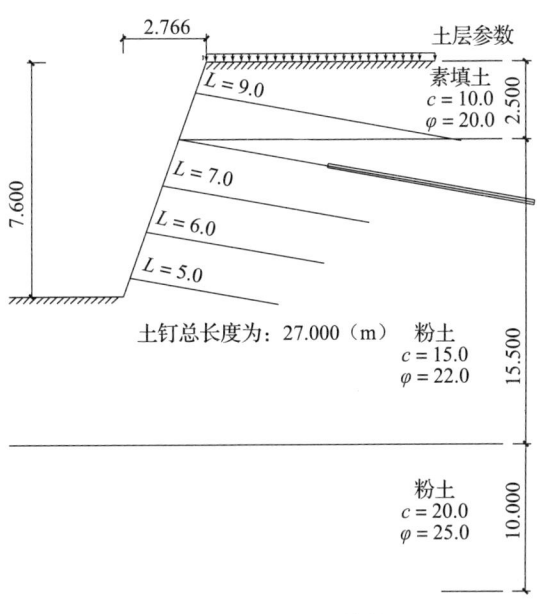

图 6-34 复合土钉计算简图

将以上参数输入"理正深基坑软件"中，即可求得锚杆选用直径为 28mm 的 HRB400 级精轧螺纹钢筋。土钉选用直径为 22mm 的 HRB335 级精轧螺纹钢筋。稳定性安全系数为 1.35，满足要求。

3. 土钉支护段计算设计结果

同理，土钉参数详见表 6-7，计算简图如图 6-35 所示。

表 6-7 土钉参数

支护层号	水平间距（m）	竖向间距（m）	倾角（°）	总长（m）	孔径（mm）
①	1.4	1.0	10.0	9.0	120
②	1.4	1.5	10.0	8.0	120
③	1.4	1.5	10.0	7.0	120
④	1.4	1.5	10.0	6.0	120
⑤	1.4	1.5	10.0	5.0	120

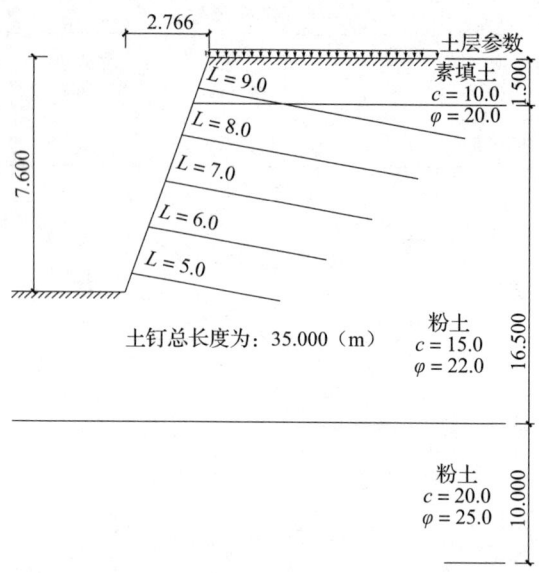

图 6-35 复合土钉计算简图

计算得土钉选用直径为 25mm 的 HRB335 级精轧螺纹钢筋。稳定性安全系数为 1.407，满足要求。

6.2.6 小结

随着城市建设的快速发展，土地资源日趋紧缺，大多建设场地周边环境复杂，基坑周边往往紧邻城市道路、原有建筑物基础、构筑物及市政管道管线等，因此，必须对基坑进行安全、可靠的支护。桩锚支护结构受力性能良好，可以有效地控制基坑边坡土体位移，近年来得以迅速发展及广泛应用。在我国西北大厚度黄土地区，由于黄土所具有的特性，使桩锚支护结构的应用有一定的局限性，应用过程中，应根据场地内土体性质来详细计算设计支护结构，以满足安全性、可靠性、经济性的原则。

6.3 西北某湿陷性黄土地区建筑物不均匀沉降纠偏加固设计方案

6.3.1 工程概况

该工程场地位于陕西省宝鸡市凤翔区田家庄镇河北村，林凤路以东，川口河右岸。某公司职工宿舍楼产生不均匀沉降，该宿舍楼于 2009 年 6 月开工建设，2010 年 4 月竣工。职工宿舍楼设计为 4 层，框架结构，长约 70.5m，宽约 17.1m。抗震设防烈度为 7 度，加速度为 0.15g，框架抗震等级为三级。采用柱下独立基础，基础埋深 -2.50m（设计 ±0.000 为 822.95m），基础底面以下 2.5m 换填处理，其中上部 1.5m 采用 3∶7 灰土，下部 1.0m 采用 2∶8 灰土，且建筑范围内整片处理，建筑物四周超出基础外边 2.0m 进行处理。职工宿舍楼基础平面布置图如图 6-36 所示。

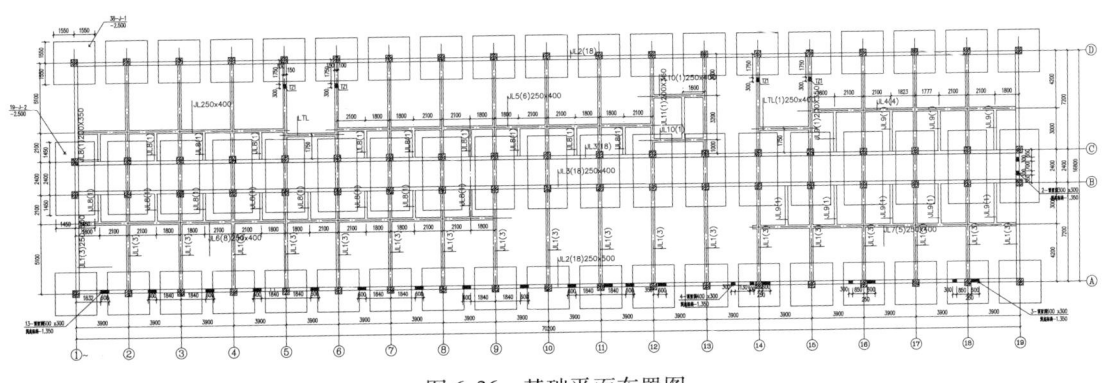

图 6-36 基础平面布置图

6.3.2 地质水文条件

工程场地地处凤翔北侧低山前缘,南接凤翔 I 级黄土台塬,地形总体北高南低,厂前区宿舍楼位于季节性河流川口河右岸,地貌属宁家山山前斜坡地带(中坡)与川口河交汇剥蚀堆积地貌。场地地形较为平坦,整体呈西高东低。

地下水主要分布在灰土垫层以上的填土①层中,地下水位埋深为 1.70~1.90m,相应标高为 820.10~820.72m,地下水类型属上层滞水。

场地勘探范围内的地基土共分为 8 层,自上而下分层描述如下:

①层填土 Q_4^{ml}:黄褐色,以素填土为主,局部夹有杂填土。以粉质黏土为主,稍湿-饱和,可塑-软塑,局部为流塑,虫孔较为发育,偶见块石、圆砾及建筑生活垃圾。湿陷系数平均值 $\bar{\delta}_s = 0.003$,不具湿陷性;压缩系数平均值 $\bar{a}_{1-2} = 0.40 MPa^{-1}$,中等压缩,局部为高压缩。层厚 1.60~3.50m,层底标高 818.51~821.27m。

②层灰土(粉质黏土)Q_4^{ml}:黄褐色夹有灰质白点,稍湿,硬塑,以粉质黏土为主,夹有白灰,为基础垫层,偶见大块白灰及石灰石。压缩系数平均值 $\bar{a}_{1-2} = 0.16 MPa^{-1}$,属中偏低压缩性土。该层层厚 0.90~2.70m,层底深度 2.60~5.00m,层底标高 817.65~819.84m。

③层黄土状土(粉质黏土)Q_4^{al}:褐黄色,稍湿-湿,可塑-软塑。大孔隙发育,含大量生物遗迹,偶见石英及蜗牛碎片。局部具中等湿陷性,湿陷系数平均值 $\bar{\delta}_s = 0.023$,压缩系数平均值 $\bar{a}_{1-2} = 0.48 MPa^{-1}$,属中偏高压缩性土。该层层厚 2.10~4.00m,层底深度 5.60~6.20m,层底标高 816.16~816.81m。

④层黑垆土(粉质黏土)Q_4^{el}:褐色,湿-饱和,软塑。大孔隙发育,含大量菌丝及生物遗迹,团粒状结构。局部具中等湿陷性,湿陷系数平均值 $\bar{\delta}_s = 0.029$,压缩系数平均值 $\bar{a}_{1-2} = 0.66 MPa^{-1}$,属高压缩性土。该层层厚 0.60~1.80m,层底深度 6.50~7.50m,层底标高 814.61~816.19m。

⑤层黄土(粉质黏土)Q_3^{eol}:褐黄-黄褐色,稍湿-湿,可塑-软塑。针状孔隙发育,偶见大孔、蜗牛壳碎片、钙质条纹及钙质结核。局部具中等湿陷性,湿陷系数平均值 $\bar{\delta}_s = 0.019$,压缩系数平均值 $\bar{a}_{1-2} = 0.49 MPa^{-1}$,属中偏高压缩性土。该层层厚 4.10~6.00m,层

底深度 10.60~13.50m，层底标高 808.61~812.09m。

⑥层古土壤（粉质黏土）Q_3^{el}：棕褐色，稍湿-湿，可塑。少量针状孔隙，偶见蜗牛壳碎片，团粒结构，可见少量钙质结核。局部具中等湿陷性，湿陷系数平均值 $\bar{\delta}_s = 0.023$，压缩系数平均值 $\bar{a}_{1-2} = 0.32\text{MPa}^{-1}$，属中压缩性土。该层层厚 0.90~1.60m，层底深度 12.20~14.70m，层底标高 807.46~810.49m。

⑦层黄土（粉质黏土）Q_2^{eol}：褐黄-黄褐色，稍湿，可塑。针状孔隙发育，偶见大孔、蜗牛壳碎片及钙质结核。局部具中等湿陷性，湿陷系数平均值 $\bar{\delta}_s = 0.027$，压缩系数平均值 $\bar{a}_{1-2} = 0.24\text{MPa}^{-1}$，属中压缩性土。该层层厚 1.90~4.20m，层底深度 16.30~16.80m，层底标高 805.36~806.29m。

⑧层卵石 Q_2^{al+pl}：杂色，密实，饱和。一般粒径 20~40mm，含少量圆砾颗粒，上部以中砂为主。充填物以粉土和细中砂为主，分选性差，无层理。未穿透该层。

6.3.3 破坏现象及原因分析

该职工宿舍楼平面布置简单，比较规则，墙体破坏严重。墙体上存在大量裂缝，裂缝主要分布在一层和二层，三层和四层较少，且在每层的两端分布较多，中间部位较少。另外，经检测，该楼水平沉降量可达 30mm，远超出规范允许值 5mm，导致建筑物倾斜。

究其原因，宿舍楼产生墙体裂缝及沉降的原因主要是该楼给排水采用 D160、D110PVC 管，直埋式，埋深为 1.3m，管道伸出外墙约 2.0m。使用过程中给排水管道破损严重，导致大量的水流入地基土中。该宿舍楼所处场地为 Ⅱ 级自重湿陷性场地。原土遇水湿陷，导致基础下沉，进而使楼产生不均匀沉降及墙体裂缝。

6.3.4 地基不均匀沉降处理措施的选取

目前我国常用的建筑物纠偏方法有顶升纠偏法、迫降纠偏法、应力解除法、辐射井射水取土纠偏法、锚杆静压桩纠偏法、地基注入膨胀剂抬升纠偏法、浸水诱使沉降纠偏法及综合纠偏法。

综合考虑职工宿舍楼的基础做法和不均匀沉降发生的原因，采用混合膨胀材料纠偏法对产生的不均匀沉降进行处理。

对于地处湿陷性黄土地区的建筑物和构筑物的纠偏方法和地基加固，可采用混合膨胀材料纠偏法，此方法与国内外已使用的纠偏方法相比技术简单，概念清楚，安全可靠，运用空隙挤密原理推导相应的计算公式，特别是在我国西北湿陷性黄土地区采用这种方法，可以对由于黄土湿陷所产生的不均匀沉降及建筑物的倾斜实现加固和纠偏，并能基本消除建筑基础的湿陷性，达到长久安全使用的目的，因而具有很大的经济效益和社会效益。

6.3.5 膨胀法纠偏和地基土加固基本原理

膨胀法纠偏的基本思路是采用石灰桩人工或机械在土体中成孔，然后灌入一定比例混合的生石灰混合料，经夯实后形成的一根桩体。桩身还可掺入其他活性与非活性材料。其加固和纠偏机理包括打桩挤密、吸水消化、消化膨胀、升温作用、离子交换、胶凝作用、碳化作用。

石灰桩的成孔工艺有不排土工艺和排土成孔工艺。在非饱和黏性土和其他渗透性较大的地基中采用不排土成孔工艺施工时,由于在成孔的过程中,桩管将桩孔处的土体挤进桩周土层,使桩周土层孔隙减小,密实度增大,承载力提高,压缩性降低。土的挤密效果与土的性质、上覆压力和地下水位状况等密切相关。一般地,地基土的渗透系数越大,挤密的效果就越明显,地下水位以上的土体的挤密效果比地下水位以下的明显。

1. 吸水作用

混合生石灰填入桩孔后,吸收桩周土的水分发生消化反应,生成熟石灰桩,同时桩身体积膨胀并释放出大量的热量,反应方程式如下:

$$CaO + H_2O \longrightarrow Ca(OH)_2 + 15.6cal/mol \tag{6-57}$$

对于渗透系数小于桩体材料渗透系数的土体,由于桩周边土中被石灰吸收的水分得不到迅速补充,再加上消化反应释放的热量的蒸发作用,在桩周约0.3桩径的范围内出现脱水现象。脱水区内,土体的含水量下降,孔隙比减小,土颗粒密实度增大。生石灰的吸水量随着桩周土围压的增大而降低,随粉煤灰或火山灰等活性掺料的增多而减小。实际工程中,石灰桩的桩长大都不长(一般在8m左右),土体对桩体的围压在50~100kPa。在50kPa的压力下,1kg生石灰可吸水0.8~0.9kg,其中约0.25kg为生石灰熟化吸水,其余熟石灰熟化后继续吸水。若采用10%的置换率进行加固,桩间土的平均失水量为8%~9%;在桩体置换率为9%、桩间距为$3d$的软基上实测的失水率约5%。5%~9%含水率的降低值,可使土的承载力得到15%~20%的增长。

2. 胀发挤密作用

生石灰吸水消化后,桩体体积发生膨胀。生石灰体积膨胀的主要原因是固体崩解,孔隙体积增大,颗粒比表面积增大,表面附着物增多,固相颗粒体积也得到增大。大量室内试验表明,在50~100kPa的围压下,石灰消化后桩体体积的胀发量为1.2~1.5,相当于桩径胀发量为1.1~1.2倍。在渗透系数大于桩体材料渗透系数的土层中,土层因石灰桩胀发挤压所产生的超孔隙水压力能迅速消散,桩周边土得以迅速固结。在渗透系数小于桩体材料渗透系数的土层中,由于石灰桩的吸水蒸发,在桩周边形成脱水区,脱水区内含水率下降,饱和度减小。随着桩体的吸水胀发,桩周边土层得以挤密压实。

3. 升温加热作用

伴随着生石灰的消化反应,反应释放出大量的热量,使桩周土的温度升高200~600℃,桩周土中水分产生一定程度的汽化。由于水化反应释放出了大量的热能,从而大大促进了土层中胶凝反应的进行。

4. 离子交换作用

生石灰消化后,消石灰进一步吸水,并在一定的条件下电解成Ca^{2+}和OH^-。Ca^{2+}与黏土颗粒表面的阴离子交换,并吸附在土颗粒表面,由1~4μm的粒径形成10μm甚至30μm的大团粒,使土中黏粒的颗粒含量大大减小,土的力学性质有所改善。

5. 胶凝反应的作用

随着溶液中电离出的钙离子Ca^{2+}数量的增多,并且超过上述离子交换所需要的数量后,在碱性的环境中,钙离子Ca^{2+}能与石灰桩围边土中的二氧化硅(SiO_2)和胶质的氧化铝(Al_2O_3)发生反应,生成复杂的硅酸钙水化物($CaO \cdot SiO_2 \cdot nH_2O$)和铝氧钙水化物（$CaO \cdot Al_2O_3 \cdot nH_2O$）以及钙铝黄长石水化物（$CaO \cdot Al_2O_3 \cdot SiO_2 \cdot 6H_2O$）。这种水化物形成一种管状的纤维胶凝物质，牢牢地把周围土颗粒胶结在一起，形成网状结构，使土颗粒连接得更加牢固，土的强度大大提高。纯石灰桩周边的胶凝反应需经历很长的时间，才能形成 2~10cm 厚的胶凝硬壳。

在掺以粉煤灰、火山灰、钢渣、黏土等活性掺料的生石灰桩中，掺料中所含的可溶性 SiO_2 和 Al_2O_3 等离子首先与吸附在其表面的 $Ca(OH)_2$ 进行水化反应，生成水化硅酸钙（$CaO \cdot SiO_2 \cdot nH_2O$）、水化铝酸钙（$CaO \cdot Al_2O_3 \cdot nH_2O$）及水化铁酸钙（$CaO \cdot Fe_2O_3 \cdot H_2O$）等硬性胶凝物。在粉煤灰玻璃体表面及其界面处形成纤维状、针状、蜂窝状及片状结晶体，互相填充于未完全水化的粉煤灰孔隙间，胶结成密实而坚硬的水化物。使未完全水化的粉煤灰颗粒间由摩擦和咬合而变成主要靠胶结，从而使颗粒间的强度大幅提高。由于掺活性掺料的石灰桩的胶凝反应发生在整个桩身内，因而桩身的后期强度高于纯石灰桩。

6. 碳化作用

石灰与土中的二氧化碳气体反应，可生成不溶的碳酸钙。这一反应虽不如凝硬反应明显，但碳酸钙的生成也起到了使桩身硬壳形成的作用。

6.3.6 膨胀法纠偏加固的基本理论

膨胀法纠偏加固的基本方法是用机械或人工的方法成孔，然后将不同比例的生石灰（块或粉）、掺和料（粉煤灰、炉渣、矿渣、钢渣等）及少量附加剂（石膏、水泥等）灌入，并进行振密或夯实形成石灰桩桩体，桩体与桩间土形成复合地基的地基处理方法。石灰桩法具有施工简单、工期短和造价低等优点，混合膨胀材料的方法对于湿陷性黄土地区偏移建筑物的纠偏和地基加固，具有明显的技术效果和经济效益，目前已在我国得到广泛应用。尽管石灰桩法已列入现行《建筑地基处理技术规范》（JGJ 79）中，但对石灰桩复合地基理论尚缺乏系统深入的研究。本研究首先基于弹性理论得出石灰桩膨胀桩径的计算公式，然后根据地基土孔隙比变化给出了基础下纠偏用石灰桩的体积计算公式，使石灰桩膨胀挤密法从经验提高到理论。

1. 石灰桩的体积膨胀量计算

石灰桩成桩过程及体积膨胀，石灰桩桩体材料生石灰吸水后固结崩解，孔隙体积增大，同时颗粒的比表面积增大，表面附着物增多，使固相颗粒体积也增大，在成桩过程中会产生强大的膨胀力，挤压桩周土体。假设桩周土体为理想弹性体，E 和 μ 分别为土体弹性模量和泊松比。石灰桩体的膨胀力为 P，桩体设计直径为 d，将其视为具有圆形孔道的无限大弹性体承受内压 P 的轴对称平面问题。其平衡方程为：

$$\frac{d\sigma_r}{dr} + (\sigma_r - \sigma_\theta)/r = 0 \tag{6-58}$$

几何方程为：

$$\varepsilon_r = \frac{du_r}{dr}, \quad \varepsilon_\theta = \frac{u_r}{r} \tag{6-59}$$

物理方程为：

第6章 黄土工程实例

$$\left.\begin{array}{l}\varepsilon_r = [(1-\mu^2)/E][\sigma_r - \mu\sigma_\theta/(1-\mu)] \\ \varepsilon_\theta = [(1-\mu^2)/E][\sigma_\theta - \mu\sigma_r/(1-\mu)]\end{array}\right\} \quad (6\text{-}60)$$

由式 (6-58)~式 (6-60) 可求出径向位移为:

$$u_r = [(1-\mu)d^2/(4E)]/(p/r) \quad (6\text{-}61)$$

石灰桩桩体膨胀后的直径为:

$$d_1 = d + 2u_r\big|_{r=\frac{d}{2}} = d[1 + p(1+\mu)/E] \quad (6\text{-}62)$$

石灰桩膨胀压力通常与生石灰掺量有关,大致范围为 0.5~10MPa,土体的弹性模量通常在 2~10MPa,μ 的取值范围通常为 0.3~0.45。若能从石灰掺量估算出石灰桩膨胀压力,即可得出石灰桩的膨胀桩径。工程实践中,石灰桩的体积膨胀量在 1.2~1.5 倍,桩径膨胀量一般为设计桩径的 1.1~1.3 倍。

2. 基础下纠偏用石灰桩的体积计算

要使纠偏量在设计控制范围内,首先必须计算出在基础下布置的石灰桩的体积使用量,先根据加固深度和加固范围确定用石灰桩的体积计算。

石灰桩周围土体挤压密实度的确定 (图 6-37),石灰桩周围土体在桩膨胀后的孔隙率变化应符合以下函数规律:

$$e = e(x, y, z) \quad (6\text{-}63)$$

式中,当 $x=0$ 时,$e=e_{\min}$;$e_{\min}$ 为土体最小孔隙率;当 $x=\pm l_0/2$ 时,$e=e_0$;e_0 为原地基土体的压实系数;l_0 为膨胀挤压影响范围。

如假定原基础下土体孔隙率相等,膨胀挤压顶升完成后孔隙率在单位长度范围内沿 x 方向呈二次抛物线分布,则孔隙率的分布方程为:

$$e = e(x, y, z) = \frac{4(e_0 - e_{\min})}{l_0^2}x^2 + e_{\min} \quad (6\text{-}64)$$

石灰桩周围土体纠偏所需挤压顶升量的曲线如图 6-38 所示。

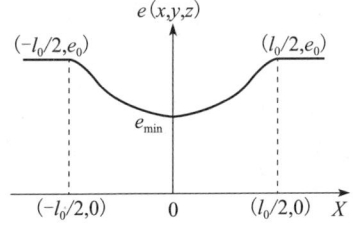

图 6-37 生石灰桩周土体密实度分布函数

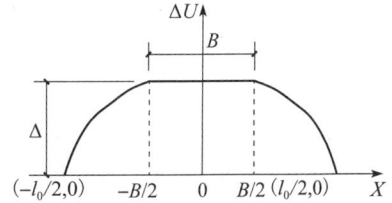

图 6-38 基础顶升量曲线

基础下地基土的沉降量即为纠偏所需的顶升量,即在加混合生石灰桩膨胀挤压地基土并顶升基础时,顶升量应与基础不均匀沉降量 Δ 相等,基础两侧膨胀量应符合如下曲线规律:

$$\Delta u = \begin{cases} \Delta & -\dfrac{B}{2} \leq x \leq \dfrac{B}{2} \\ \dfrac{\Delta}{B^2 - l_0^2}(4x^2 - l_0^2) & -\dfrac{l_0}{2} \leq x \leq -\dfrac{B}{2},\ \dfrac{B}{2} \leq x \leq \dfrac{l_0}{2} \end{cases} \quad (6\text{-}65)$$

式中,Δu 为基础下土体顶升量曲线;Δ 为基础下土体的最大顶升量;B 为基础宽度。

基础下膨胀材料使用量的计算，由于石灰桩在横向压力和基础的竖向压力作用下，若压力为 50~100kPa 时石灰桩产生的膨胀量为原体积的 1.3~1.5 倍，挤密顶升后基础底部土体产生的体积增大量如图 6-38 所示。为了能够计算石灰桩的使用量现作如下假定：

（1）根据基础下地基土的层理分布，持力层所处位置来确定挤密石灰桩的深度 h；

（2）由于挤密石灰桩以下土层密实度较高，其压缩性较小，因此假定石灰桩以下土层是不可压缩的；

（3）假定基础下原土体的压实系数和孔隙比相等；

（4）假定基础下地基土原孔隙率与挤密后的孔隙率之差沿深度方向呈线性分布。

根据基础下土体的原单位孔隙的变化以及地基土的顶升量，石灰桩挤密后土体体积缩小量应为：

$$\Delta V = \iiint_v (n_0 - n) \frac{h+y}{h} dv = \iiint_v \left(\frac{V_{v0}}{V_0} - \frac{V_v}{V} \right) \frac{h+y}{h} dv = \iiint_v \left(\frac{V_{v0}}{V_{s0} + V_{v0}} - \frac{V_v}{V_s + V_v} \right) \frac{h+y}{h} dv$$

$$= \iiint_v \left(\frac{e_0}{1+e_0} - \frac{e(x,y,z)}{1+e(x,y,z)} \right) \times \frac{h+y}{h} dv$$

$$= 2 \left\{ \int_0^1 \int_{-l_0/2}^{-B/2} \int_{-h}^{\frac{\Delta}{B^2-l_0^2}(4x^2-l_0^2)} \left[\frac{e_0}{1+e_0} - \frac{1}{[1+(e_0+e_{\min})/2]} \left(\frac{4(e_0-e_{\min})}{l_0^2} x^2 + e_{\min} \right) \right] \frac{h+y}{h} dy dx dz \right.$$

$$+ \int_0^1 \int_{-B/2}^0 \int_{-h}^{\Delta} \left[\frac{e_0}{1+e_0} - \frac{1}{[1+(e_0+e_{\min})/2]} \left(\frac{4(e_0-e_{\min})}{l_0^2} x^2 + e_{\min} \right) \right] \frac{h+y}{h} dy dx dz$$

$$\left. - \int_0^1 \int_{-V_{ql}/2(h+\Delta)}^0 \int_{-h}^{\Delta} \left[\frac{e_0}{1+e_0} - \frac{1}{[1+(e_0+e_{\min})/2]} \left(\frac{4(e_0-e_{\min})}{l_0^2} x^2 + e_{\min} \right) \right] \frac{h+y}{h} dy dx dz \right\}$$

(6-66)

式中，n_0 为原基础下地基土的孔隙率，n 为挤压后基础下地基土的孔隙率，V_{v0} 为原基础下地基土的孔隙体积；V_0 为原基础下地基土的总体积；V_{s0} 为原基础下地基土的土颗粒体积；V_v 为挤压后基础下地基土的孔隙体积；V 为挤压后基础下地基土的总体积；V_s 为挤压后基础下地基土的土颗粒体积。

设单位长度上所需石灰桩的体积为 V_{ql}，则膨胀后石灰桩的体积为 βV_{ql}，故石灰桩膨胀后的体积膨胀量为 $(\beta-1)V_{ql}$，于是单位长度范围内基础下需补加固顶升生石灰桩的体积由式 $(\beta-1)V_{ql} = \Delta V$ 可得

$$V_{ql} = \frac{1}{(\beta-1)} \times 2 \left\{ \int_0^1 \int_{-l_0/2}^{-B/2} \int_{-h}^{\frac{\Delta}{B^2-l_0^2}(4x^2-l_0^2)} \left[\frac{e_0}{1+e_0} - \frac{1}{[1+(e_0+e_{\min})/2]} \left(\frac{4(e_0-e_{\min})}{l_0^2} x^2 + e_{\min} \right) \right] \right.$$

$$\frac{h+y}{h} \cdot dy dx dz + \int_0^1 \int_{-B/2}^0 \int_{-h}^{\Delta} \left[\frac{e_0}{1+e_0} \left[\frac{1}{[1+(e_0+e_{\min})/2]} \left(\frac{4(e_0-e_{\min})}{l_0^2} x^2 + e_{\min} \right) \right] \right]$$

$$- \frac{h+y}{h} dy dx dz - \int_0^1 \int_{-V_{ql}/2(h+\Delta)}^0 \int_{-h}^{\Delta} \left[\frac{e_0}{1+e_0} - \frac{1}{[1+(e_0+e_{\min})/2]} \cdot \right.$$

$$\left. \left. \left(\frac{4(e_0-e_{\min})}{l_0^2} x^2 + e_{\min} \right) \right] \frac{h+y}{h} dy dx dz \right\}$$

(6-67)

由式（6-67）则可确定单位长度基础下纠偏所需石灰桩的体积。

6.3.7 纠偏加固方案

1. 纠偏加固设计步骤

（1）勘察测绘

首先，组织测绘人员采用高精度测绘仪器对建筑的局部沉降和偏移量，给出正确的沉降和倾斜数据。另外，对基础周围和基础以下的土体进行勘查，做出相关土体的物理力学指标、压实系数等，为正确的纠偏设计提供可靠依据。

（2）分析计算和纠偏设计

根据局部沉降量的大小，设计出各控制点、单位长度上膨胀材料的用量，为纠偏加固设计提供可靠设计数据。

（3）完成纠偏加固设计施工图

根据已测定数据进行相关计算，并绘制施工图纸。

2. 纠偏加固施工

用生石灰桩加固顶升沉降量较大的部分基础，加固施工方法是：

（1）先挖开柱下独立基础，使基础加固部分全部暴露；

（2）用机械斜向开洞，开洞倾斜角度计算确定，深度为 12~15m，开洞应先从沉降量最大处开始，滑插开洞；

（3）用质量上好的生石灰填洞，夯实至石灰桩顶 1.0m 处，改用混凝土封顶，并用相应配重压顶；

（4）等第一轮施工结束后，暂停 6~7d 观察基础沉降变化和建筑物的侧移变化；再对下一步基础加固工程施工进行调整，以保证加固设计达到要求；

（5）用混合灰土桩加固其他部分有问题的基础。

在本工程的顶升加固过程中，由于部分钻孔间距较小，因此对于间距小于 1m 的生石灰桩钻孔采取间隔施工的措施，即先间隔钻孔，注入生石灰后，根据顶升监测的结果再施工其余的钻孔。

3. 上部结构加固处理

根据上部结构情况，由于楼体的不均匀沉降导致出现歪扭和倾斜的问题，须根据基础加固完成后建筑物裂缝变化情况和上部结构侧移变化情况确定加固方案。

4. 加固施工时应注意的问题

（1）工程加固施工与一般工程施工有很大的区别，特别是基础顶升加固是一个发展变化的过程，需要专家技术人员经常在现场及时解决施工中出现的各种问题，以保证工程施工的安全可靠。

（2）测绘人员要经常测量沉降量和房顶侧移变化以及墙体和其他构件的变形及裂缝变化，为施工提供指导性建议，以保证加固目标的最终实现。

（3）施工队伍必须服从工程设计技术人员的安排和指挥，遇到问题及时与设计人员联系和沟通，及时解决相关问题。

6.3.8 小结

建筑物、构筑物基础的不均匀沉降现象在湿陷性黄土地区屡见不鲜，此类不均匀沉降大多是由于地表水浸入或地下管线渗漏所造成的，然而，这些建筑物上部结构基本完好，远没有到达设计基准期，但由于基础不均匀沉降导致建筑物出现安全隐患，为了保证这些建筑物和构筑物的安全和正常使用，应使其倾斜得到纠正并使原基础得到加固。混合材料膨胀纠偏法既可对建筑物的不均匀沉降进行纠偏，又可对软弱地基进行加固，并基本上可以消除地基土的湿陷性。然而，在实际工程应用中需根据土体性质及所含水分的不同来较为精确地确定混合材料的配合比。

思考题

1. 框架预应力锚杆支护结构由哪几部分组成？各组成部分的计算模型如何选取？
2. 锚杆预应力的作用是什么？通常如何确定锚杆中所施加预应力的大小？
3. 土钉墙支护结构与复合土钉墙支护结构工作机理有何不同？锚杆与土钉的受力特点有何不同？
4. 桩锚支护结构的整体稳定性如何验算？
5. 建筑物地基不均匀沉降的处理方法有哪些？简述各方法的基本原理。

参 考 文 献

[1] 张中兴. 黄土与黄土工程［M］. 西宁：青海人民出版社，1998.
[2] 钱鸿缙等. 湿陷性黄土地基［M］. 北京：中国建筑工业出版社，1985.
[3] 穆斯塔伐耶夫. 湿陷性黄土地基和基础计算［M］. 张中兴，译. 北京：水利电力出版社，1984.
[4] Baron F. Richthofen. Ⅱ. On the Mode of Origin of the Loess［J］. Geological Magazine, 2009, 9（7）: 293-305.
[5] 李明光. 喜马拉雅山的崛起和黄土高原的形成［M］. 哈尔滨：黑龙江科技出版社，1988.
[6] 地质部水文地质工程地质研究所. 中国黄土及黄土状岩石［M］. 北京：地质出版社，1959.
[7] 刘东生. 中国的黄土堆积：中国黄土分布图说明书［M］. 北京：科学出版社，1965.
[8] 中国科学院土木建筑研究所土力学研究室. 黄土基本性质的研究［M］. 北京：科学出版社，1961.
[9] 刘东生. 黄土的物质成分和结构［M］. 北京：科学出版社，1966.
[10] 高国瑞. 黄土显微结构分类与湿陷性［J］. 中国科学：数学，1980，23（12）：1203-1208.
[11] 王永炎，滕志宏. 中国黄土的微结构及其在时代上和区域上的变化——扫描电子显微镜下的研究［J］. 科学通报：中文版，1982，27（2）：102-105.
[12] 朱海之. 黄土的显微结构及埋藏土壤中的光性方位粘土［J］. 第四纪研究，1965，4（1）：62-76.
[13] 朱海之. 黄河中游马兰黄土颗粒及结构的若干特征：油浸光片法观察的结果［J］. 地质科学，1963，4（2）：88-100.
[14] 西北水利科学研究所. 西北黄土的性质［M］. 西安：陕西人民出版社，1959.
[15] Larinov, A. K. Structural characteristics of loess soils for evaluating their con-structural properties［J］. Proceed. 6th Inter. Conf. on Soil Mechanics and Foundation Engrg, Rio de Janeiro, 1965, 619-622.
[16] Dudley J H. Review of collapsing soils［J］. Journal of Soil Mechanics & Foundations Div, 1970, 97（3）: 925-947.
[17] 中华人民共和国交通运输部. 公路土工试验规程：JTG 3430—2020［S］. 北京：人民交通出版社，2007.
[18] 《工程地质手册》编委会. 工程地质手册［M］. 5版. 北京：中国建筑工业出版社，2018.
[19] H. R. 杰尼索夫. 黄土与黄土状亚黏土的建筑性质［M］. 中国科学院土木建筑研究所等，译. 北京：地质出版社，1956.
[20] 常宝琦. 黄土基本性质的研究［M］. 北京：科学出版社，1961.
[21] 刘祖典等. 陕西黄土的变形特征（中国土木工程学会第四届土力学及基础工程学术会议论文选集）［C］. 北京：中国建筑工业出版社，1986.
[22] 刘东生，安芷生，袁宝印. 中国的黄土与风尘堆积［J］. 第四纪研究，1985，6（1）：113-125.
[23] 陈正汉，许镇鸿，刘祖典. 关于黄土湿陷的若干问题［J］. 土木工程学报，1986（3）：88-96.
[24] 涂光祉. 自重湿陷性黄土的试验研究［A］. 全国首届工程地质学术会议论文选集［C］. 1979.
[25] 中华人民共和国住房和城乡建设部. 建筑地基基础设计规范：GB 50007—2011［S］. 北京：中国建筑工业出版社，2011.
[26] 涂光祉. 自重湿陷性黄土的试验研究［A］. 中国地质学会工程地质专业委员会. 全国首届工程地质学术会议论文选集［C］. 中国地质学会工程地质专业委员会，1979：7.
[27] 刘祖典，郭增玉，陈正汉. 黄土的变形特性［J］. 土木工程学报，1985（1）：72-79.
[28] 涂光祉. 试论黄土地基的自重湿陷敏感性［J］. 工程勘察，1980（2）：36-39.

[29] 龚晓南. 地基处理手册 [M]. 北京：中国建筑工业出版社，2008.
[30] 叶书麟，叶观宝. 地基处理 [M]. 北京：中国建筑工业出版社，2004.
[31] 中华人民共和国交通运输部. 公路钢筋混凝土及预应力混凝土桥涵设计规范：JTG D62—2018 [S]. 北京：人民交通出版社，2018.
[32] 刘祖典. 影响黄土湿陷系数因素的分析 [J]. 工程勘察，1994（5）：6-11.
[33] 汪国烈. 黄土湿陷性与湿陷敏感性及其对工程的影响 [A]. 第四次全国岩石力学与工程学术大会论文集 [C]. 1996.
[34] Reginatto A R, Ferrero J C. Collapse potential of soils and soil-water chemistry：Conference. Session four. 6F, 3T, 7R. PROC. EIGHTH INT. CONF. ON SOIL MECH. FOUND. ENGNG. MOSCOw, V2.2, 1973, P177-183 [J]. International Journal of Rock Mechanics & Mining Sciences & Geomechanics Abstracts, 1975, 12 (4)：59-59.
[35] 周永官，陈家冠. 强夯法加固自重湿陷性黄土地基的效果初步分析 [A]. 全国地基处理学术讨论会论文集 [C]. 1986.
[36] 汪国烈. 对湿陷性黄土场地地震作用工程影响的几点看法 [A]. 2006黄土动力学与岩土地震工程学术研讨会论文集 [C]. 2006：96-98.
[37] 梁守信，周福良，张光武，等. 湿陷性黄土地基中单桩垂直承载力的确定 [J]. 工业建筑，1992（11）：15-18.
[38] H. F. 温特科恩，方晓阳. 基础工程手册 [M]. 北京：中国建筑工业出版社，1983.
[39] 天津大学. 地基及基础 [M]. 北京：中国建筑工业出版社，1981.
[40] 中华人民共和国建设部. 厂矿道路设计规范：GBJ 22—1987 [S]. 北京：中国计划出版社，1990.
[41] 刘东生，孙继敏，吴文祥. 中国黄土研究的历史、现状和未来：一次事实与故事相结合的讨论 [J]. 第四纪研究，2001，21 (3)：185-207.
[42] 汪国烈. 黄土的湿陷性与湿陷敏感性 [J]. 第四纪研究，1986，7 (1)：57-60.
[43] 刘东生. 黄土与环境 [M]. 北京：科学出版社，1985
[44] 丁仲礼. 中国西部环境演化集成研究 [M]. 北京：气象出版社，2010.
[45] 孙继敏. 李希霍芬与黄土的风成学说 [J]. 第四纪研究，2005，25 (4)：438-442.
[46] 李秉成，孙建中. 中国黄土与环境 [M]. 西安：陕西科学技术出版社，2005.
[47] 高国瑞. 中国黄土的微结构 [J]. 科学通报，1980，25 (20)：945-948.
[48] 雷祥义. 土显微结构类型与物理力学性质指标之间的关系 [J]. 地质学报，1989 (2)：182-191.
[49] 谢定义. 试论我国黄土力学研究中的若干新趋向 [J]. 岩土工程学报，2001，23 (1)：3-13.
[50] 刘祖典. 黄土力学与工程 [M]. 西安：陕西科学技术出版社，1997.
[51] 张炜，张苏民. 我国黄土工程性质研究的发展 [J]. 岩土工程学报，1995，17 (6)：80-88.
[52] 高国瑞. 黄土湿陷变形的结构理论 [J]. 岩土工程学报，1990，12 (4)：1-10.
[53] 崔月娥. 关于黄土湿陷敏感性问题探讨 [J]. 煤炭工程，2010，1 (8)：76-78.
[54] 崔自治，朱楠，王晓芸. 黄土自重湿陷性评价的理论与试验研究 [J]. 兰州理工大学学报，2013，39 (6)：115-117.
[55] 田堪良. 黄土的结构性及其动力特性研究 [D]. 杨陵：西北农林科技大学，2003.
[56] 黄文熙. 土的工程性质 [M]. 北京：水利电力出版社，1983.
[57] 陈存礼，胡再强，高鹏. 原状黄土的结构性及其与变形特性关系研究 [J]. 岩土力学，2006，27 (11)：1891-1896.
[58] 李广信. 高等土力学 [M]. 北京：清华大学出版社，2004.
[59] 朱彦鹏，罗晓辉，周勇. 支挡结构设计 [M]. 北京：高等教育出版社，2008.

［60］ 杨光华. 深基坑支护结构的实用计算方法及其应用［M］. 北京：地质出版社，2005.

［61］ 中华人民共和国住房和城乡建设部. 建筑边坡工程技术规范：GB 50330—2013［S］. 北京：中国建筑工业出版社，2014.

［62］ 中华人民共和国住房和城乡建设部. 建筑基坑支护技术规程：JGJ 120—2012［S］. 北京：中国建筑工业出版社，2012.

［63］ 中华人民共和国住房和城乡建设部. 土工试验方法标准：GB/T 50123—2019［S］. 北京：中国计划出版社，2019.

［64］ 冯志焱. 湿陷性黄土地基［M］. 北京：科学出版社，2009.

［65］ 中华人民共和国住房和城乡建设部. 湿陷性黄土地区建筑标准：GB 50025—2018［S］. 北京：中国建筑工业出版社，2018.